utb 1582

W0304496

Eine Arbeitsgemeinschaft der Verlage

Böhlau Verlag · Wien · Köln · Weimar
Verlag Barbara Budrich · Opladen · Toronto
facultas · Wien
Wilhelm Fink · Paderborn
A. Francke Verlag · Tübingen
Haupt Verlag · Bern
Verlag Julius Klinkhardt · Bad Heilbrunn
Mohr Siebeck · Tübingen
Ernst Reinhardt Verlag · München
Ferdinand Schöningh · Paderborn
Eugen Ulmer Verlag · Stuttgart
UVK Verlag · München
Vandenhoeck & Ruprecht · Göttingen
Waxmann · Münster · New York
wbv Publikation · Bielefeld

Burkhard Moennighoff
Eckhardt Meyer-Krentler

Arbeitstechniken Literaturwissenschaft

18., aktualisierte Auflage

Wilhelm Fink

Online-Angebote oder elektronische Ausgaben sind erhältlich unter
www.utb-shop.de

Bibliografische Information Der Deutsche Bibliothek

Die Deutsche Bibliothek verzeichnet diese Publikation in der Deutschen Nationalbibliografie; detaillierte bibliografische Daten sind im Internet über http://dnb.ddb.de abrufbar.

18. aktualisierte Auflage 2019

www.fink.de

Printed in Germany
Einbandgestaltung: Atelier Reichert, Stuttgart
Herstellung: Brill Deutschland GmbH, Paderborn

UTB-Band-Nr: 1582
ISBN 978-3-8252-4901-4

Inhalt

Vorbemerkung 9

1 Hausarbeit oder Referat? 13
1.1 Referat 13
1.2 Hausarbeit 17
1.3 Nach-Denken und Selbst-Denken 18

2 Themenformulierung und erstes Konzept 21

3 Ausarbeitung 24
3.1 Textanalyse und Einarbeitung von Forschungsliteratur 24
3.2 Roter Faden 26
3.3 Wertungen 26
3.4 Terminologie und Logik 28
3.5 Zeitliche Disposition 29

4 Einige stilistische Ratschläge 31

5 Zur Form bibliografischer Angaben 43
5.1 Titelangaben bei Verfasserschriften (Monografien) 46
5.2 Titelangaben bei Zeitschriftenaufsätzen 47
5.3 Titelangaben bei Sammelwerken (Herausgeberschriften) 48
5.4 Titelangaben bei Aufsätzen in Herausgeberschriften 50
5.5 Zitieren von Kommentaren und Nachworten 50
5.6 Zitieren von Lexikonartikeln 51
5.7 Zitieren von Dissertationen 51
5.8 Zitieren von fotomechanischen Nachdrucken 52
5.9 Zitieren aus dem Internet 53

6 Umgang mit Zitaten 55
6.1 Kenntlichmachen von Zitaten 55
6.2 Fremdsprachige Zitate 56

6.3 Fußnoten ... 57
6.4 Fußnotentext ... 58
6.5 Unarten ... 60

7 Archivieren im Computer ... 61
7.1 Literaturverwaltung ... 61
7.2 Verwaltung von Zitaten und Exzerpten ... 63
7.3 Exzerpier-Regeln ... 63

8 Umgang mit Quellen ... 66

9 Recherchieren der Literatur ... 71
9.1 Leihvorgänge, Fernleihen: Zeitliches ... 71
9.2 Systematische Recherche ... 73
9.3 Schnell-Recherche ... 77
9.4 Bibliotheks-Recherche ... 78
9.4.1 OPAC-Recherche ... 78
9.4.2 Datenbanken ... 79
9.5 Internet-Recherche ... 81
9.5.1 Suchmaschinen und Web-Kataloge ... 81
9.5.2 Spezielle Linkverzeichnisse ... 83
9.5.3 Bibliotheks- und Literaturrecherche im Internet ... 84
9.5.4 Volltextsuche ... 87

10 Basis-Literatur / bibliografische Hilfsmittel ... 90
10.1 Bücher- und Quellenkunde ... 90
10.1.1 Literaturermittlung ... 90
10.1.2 Bibliografische ‚Wegweiser' ... 91
10.1.3 Buchkunde ... 92
10.1.4 Bibliothekskunde ... 93
10.2 Arbeitstechniken, wissenschaftliches Arbeiten ... 94
10.3 Einführungen in die Literaturwissenschaft und in benachbarte Fächer ... 95
10.3.1 Allgemeine Literaturwissenschaft ... 95
10.3.2 Komparatistik ... 97
10.3.3 Germanistik ... 98
10.3.4 Romanistik ... 98

10.3.5 Anglistik, Amerikanistik ... 99
10.3.6 Klassische Philologie ... 99
10.3.7 Geschichte ... 100
10.3.8 Theologie ... 101
10.3.9 Medien, Medienwissenschaft ... 101
10.3.10 Literaturdidaktik ... 102
10.4 Lexika und Wörterbücher ... 104
10.4.1 Wörterbücher ... 104
10.4.2 Ältere Enzyklopädien ... 105
10.4.3 Lexika, Handbücher, Sachwörterbücher ... 106
10.4.4 Autoren- und Werklexika ... 111
10.5 Bibliografien ... 114
10.5.1 Fachbibliografien ... 114
10.5.2 Allgemeine Personalbibliografien ... 118
10.5.3 Bücherverzeichnisse, Sonderbibliografien ... 118
10.6 Literaturgeschichten ... 119

11 Vorschlag für eine Handbibliothek ... 123

12 Bestandteile der fertigen Arbeit ... 125
12.1 Titelblatt ... 125
12.2 Inhaltsverzeichnis ... 127
12.3 Einleitung ... 127
12.4 Hauptteil und Schluss ... 129
12.5 Textseite (Muster) ... 130
12.6 Apparat ... 132
12.7 Literaturverzeichnis ... 133
12.8 Erklärung ... 135
12.9 Seitengestaltung ... 136
12.10 Lesbarkeit ... 136
12.11 Seitenzählung ... 137
12.12 Heften und Widmen ... 138
12.13 Duplikat ... 139
12.14 Umfang ... 139

13 Begutachtung und Benotung ... 141

14 Zeitschriften-Siglen 146
15 Siglen im Fernleih-Verkehr 151
16 Spezialbibliotheken und Forschungszentren 153
17 Einige Grundbegriffe der Literaturwissenschaft 158
Sachregister 163

Vorbemerkung

Als Eckhardt Meyer-Krentler vor zehn Jahren seine „Arbeitstechniken Literaturwissenschaft“ veröffentlichte, war dies ein Buch, das aus der Praxis der literaturwissenschaftlichen Lehre hervorgegangen ist. Zielgruppe des Buchs waren Studentinnen und Studenten der Literaturwissenschaft in den ersten Semestern, seine Aufgabe die Einweisung in elementare Regeln, deren Beachtung beim Vorbereiten und Abfassen einer Seminararbeit praktischen Wert hat. Daran hat sich auch in der Neuauflage nichts geändert. Auch sie soll den Unterricht im literaturwissenschaftlichen Studium begleiten und Hinweise darauf geben, welche Hilfsmittel und Techniken zur Verfügung stehen, um im Alltag literaturwissenschaftlichen Handelns bestehen zu können.

Dass ich meiner akademischen Herkunft nach Germanist bin, ist an dem einen oder anderen Indiz leicht erkennbar. Dennoch dürfte das Buch nicht nur für das Studium der Neueren Deutschen Literaturwissenschaft und -geschichte, sondern auch für das verschwisterter Fächer nützlich sein. Denn so Grundlegendes wie Zitiertechniken bei der Abfassung einer Hausarbeit und Recherchestrategien bei der Bibliotheksbenutzung muss man auch in der Vergleichenden und der Allgemeinen Literaturwissenschaft kennen; dasselbe gilt für die anderen Philologien.

Die Haupt-Akzente der Neubearbeitung liegen einerseits in der Aktualisierung der bibliografischen Angaben, die dieses Buch macht, andererseits in der Anpassung der Empfehlungen an die neuen Möglichkeiten der Literaturrecherche und des Archivierens.

Dieses Buch vermittelt Normen und Regeln, die nun einmal zum Fach gehören. Sie würden missverstanden, wenn sie als ein Hinderungsgrund dessen gelten, was angestrebt ist: ein literaturwissenschaftliches Geistesleben, das rational und nicht dogmatisch, nach vielen fruchtbaren Seiten offen und nicht belanglos ist, das Texte hervorbringt, die klar und nicht trocken, gegliedert und nicht umständlich sind, und das schließlich etwas Kundiges und Sinnvolles zu dem zu sagen hat, um das es in jedem Fall geht: die Literatur. Im Übrigen mögen einige schon von Eckhardt Meyer-Krentler vorgebrachte Merk- und Mahnsätze die Normung ertragbar machen:

1. *Nicht alles ist vernünftig, was mit ernstem Gesicht vorgetragen wird.*
2. *Nicht alles, was vernünftig ist, muss mit ernstem Gesicht vorgetragen werden.*
3. *Formalien können nur schwachen Gemütern den Spaß an der Wissenschaft nehmen.*
4. *Der gute Sinn formaler Vorgaben: Außenstehenden idiotisch zu erscheinen, Insidern selbstverständlich. Es handelt sich um eines der wenigen Mittel, als Insider zu beeindrucken, ohne etwas von den Inhalten zu verstehen.*

Für Philologen speziell gilt zusätzlich:

5. *Es geht nur um philologische Regeln, nicht um das Leben.*
6. *Wissenschaftler, deren Objekte flüchtig und deren Methoden strittig sind, einigen sich eher über Zitierregeln als über wissenschaftliche Sachverhalte, Bedeutungen, Interpretationen.*
7. *Auch im Umgang mit Zitierregeln und insgesamt mit Texten glänzen sie durch Eigenwilligkeit.*

Göttingen, im September 2000
Burkhard Moennighoff

Anmerkung zur 18. Auflage

Die Neuauflage des Buches unterscheidet sich von ihrer Vorgängerin durch abermals aktualisierte bibliografische Angaben und einige Ergänzungen. Dem erhöhten Orientierungsbedarf der Studierenden sollen die neu eingefügten Kurzkommentare in der Bibliografie entgegenkommen.

Hildesheim, im September 2017
Burkhard Moennighoff

> Der Student der Philologie ist, als Typus gefaßt, ein zaghaftes, furchtsames, gedrücktes, verquältes, überhökertes, leise und befangen auftretendes Individuum; gewöhnlich von Natur namenlos plebejisch; ohne den geringsten Sinn für individuelle Ästhetik, immer mit den Gerüchen der väterlichen Werkstatt oder des väterlichen Käseladens behaftet; ohne jede natürliche Anlage zum Weltmann: will er sich dazu ausbilden, wird er zumeist eine Karikatur, die sich aus ungefähr einander gleichgroßen Philister-, Idioten- und ins Boshafte verbogenen Eunuchensegmenten zusammenkreist. Auf der Schule ist der spätere Stud. phil. gewöhnlich der mittelmäßig Begabte, leidlich Fleißige, in korrekten Durchschnittsleistungen Arbeitende gewesen. Er „schwänzt" niemals ein Kolleg, führt sehr sauber und gewissenhaft seine Hefte und vergißt niemals in sein Abendgebet die Bitte mit einzuschließen, daß ihn Gott der Allmächtige um Himmels willen nicht durch das Staatsexamen fallen lassen möge! Der Student der Philologie ist gewöhnlich sehr borniert und allem unzugänglich, was außerhalb der Marken seines Berufs, seines Fachstudiums liegt. Er ist zahm, nicht gezähmt, immer etwas verwittert und ruinös. Er hat einen Stich ins geistig Hysterische und spricht sehr gern, stottert auch bisweilen mit einiger Vorliebe. Manchmal spielt er ein wenig den Skeptiker, aber sein apriorer, doktrinärer Schulmeisterinstinkt bewahrt ihn doch vor allen gewagten Folgerungen, die zu zweifelhaften Folgen führen könnten.

Hermann Conradi: Wilhelm II. und die junge Generation. Eine zeitpsychologische Betrachtung [1889]. In: Hermann Conradis Gesammelte Schriften. Hrsg. von G. W. Peters. 3. Band. München 1911. S. 408 f.

1 Hausarbeit oder Referat?

Merksatz 1:
Ein Referat ist keine vorgelesene Hausarbeit, eine Hausarbeit kein schriftlich fixiertes Referat.

Merksatz 2:
Merksatz 1 wird immer wieder Lügen gestraft.

1.1 Referat

In der Praxis des Studienbetriebs hängen Hausarbeit und Referat oft eng zusammen: Im Seminar ist ein Referat zu halten entweder auf der Grundlage einer bereits fertig gestellten Hausarbeit oder im Vorgriff auf eine geplante, in die dann Ergebnisse der Seminardiskussion eingearbeitet werden können und sollen. Dieser Zusammenhang verführt leicht dazu, dass die Konzeption des einen im anderen stark nachwirkt.

> Als ich nun so studierte und schlief.

Georg Christoph Lichtenberg (E 373).

Aber: Das eine ist ein Sprechakt, das andere ein Schreibakt. Der Unterschied liegt u. a. im Adressatenbezug: Das Referat ist ein mündlicher Vortrag auf schriftlicher Basis. Es richtet sich an ein bestimmtes Publikum – die Seminarteilnehmer mit ihrem thematischen Interesse und Informationsstand. Der Referierende muss, wenn er nicht gegen eine Regel der Rhetorik verstoßen will, diese Zuhörerschaft einbeziehen: vorab in den Referattext, während des Vortrags und anschließend als Diskutanten, die zu seinem Text Stellung nehmen, diesen korrigieren oder weiterdenken. Und: Die Zeit, in der ein Referat vorgetragen werden kann, ist begrenzt, ebenso wie die Aufnahmefähigkeit der Zuhörer. Dies alles erfordert eigene methodisch-didaktische Strategien.

> Man besitzt in Ideen nur ganz, was man außer sich dargestellt in andere übergehen lassen kann [...].

Wilhelm von Humboldt an Johann Wolfgang Goethe, 6. Januar 1832.

Das Referat ist also Teil einer Seminar-‚Inszenierung' und nicht lediglich ein Vortrag auf schriftlicher Grundlage. Das Referat ist eine ‚Performance' der Referentin oder des Referenten. Seine Funktionen reichen über die reine Wissensvermittlung hinaus. Man kommt ja zusammen, um gemeinsam zu denken. Deshalb ist es z. B. wichtig, nicht alle für das Thema gestellten Probleme als gelöst auszugeben, sondern als offen anzubieten, um die Diskussion und kontroverse Stellungnahmen im Seminar zu befördern. Das geschieht z. B. durch Thesenpapiere, tabellarische Gegenüberstellungen, ‚Rollendiskussionen' bei Gruppenreferaten, Medieneinsatz.

> Alle Gefühlswirkungen müssen matt werden, wenn sie nicht ihr Feuer erhalten durch die Stimme, das Mienenspiel und nahezu alles in der Haltung des Körpers.

Marcus Fabius Quintilianus: Ausbildung des Redners. 2. Teil. 3. Aufl. Darmstadt 1995. S. 609.

An den Anfang des Referats stellt man besser ein griffiges Detail und spart sich die Grundsatzerklärungen, Vorbehalte, Definitionen für einen späteren Zeitpunkt auf. Zuerst benennt man kurz die generelle Thematik und die Vorgehensweise (und sagt auch, wie lange man sprechen wird!), dann entwickelt man die Grundproblematik aus einem überschaubaren Beispiel, geht vom paradigmatischen Detail ins große Ganze, schiebt die Definitionen und historischen Differenzierungen nach. Dies induktive Verfahren ist der Situation im Seminar grundsätzlich angemessener als ein deduktives Argumentationsschema, das sich eher bei der schriftlichen Hausarbeit anbietet.

Ein Thesenpapier zur Stützung eines Referats erfüllt seinen Zweck nur, wenn es den Teilnehmern rechtzeitig, nämlich in der vorangehenden Sitzung (oder in ähnlicher Frist als digitale Textvorlage) zugänglich gemacht wird. Handstreichartiges Austeilen in der Sitzung selbst (Prinzip Tischvorlage) bringt in den meisten Fällen wenig und erspart höchstens die Mitschrift bei einem langweiligen Referat. – Einige überzählige Exemplare sollte man für die Teilnehmer bereithalten, die beim letzten Mal nicht da waren oder ihr Exemplar abweichend von ihrem sonst gewissenhaften Verhalten ausgerechnet am Veranstaltungstag nicht gehütet haben.

Ein Thesenpapier ist dann gut eingesetzt, wenn es als Grundlage eines mündlichen Vortrags dient, wenn es vom Referenten erläutert wird und wenn ihm das ein Echo aus dem Publikum einbringt. Für Rückfragen, die jeder Zeit erwünscht sind, sollten Pausen eingeplant sein.

Zu einem Thesenpapier gehören auch Quellen- und Literaturhinweise – keine langen Bibliografien, sondern knapp (und korrekt) die Titel, auf die man sich zentral bezieht, und die Titel, welche für die Nachbereitung eines Themas anderen Teilnehmern Einstiegshilfen sein könnten. Solche Thesenpapiere werden nämlich gern gesammelt – in der Meinung, das sei z. B. für Prüfungsvorbereitungen tauglich. Die unabweisliche Notwendigkeit, auf solche jahrelang gehorteten Papiere zurückzugreifen, ergibt sich erfahrungsgemäß ca. fünf Tage nach ihrer Vernichtung. Gattungstypische Kennzeichen des Thesenpapiers sind: informativer und konziser Stil, Konzentration auf Probleme und Widersprüche sowie die zugespitzt formulierte eigene Meinung.

Die Kunst des Referierens in Seminaren besteht nicht darin, einen langen Vortrag zu halten und dann auf Diskussionen zu warten; sie wird so eher verhindert. Interesse am Thema entsteht eher, wenn man vorab oder nach ersten Thesen ansatzweise mit einigen Teilnehmern ins Gespräch kommt. Die weiteren Ausführungen können dann mit stärkerer innerer Beteiligung und wacher verfolgt werden. Referieren bedeutet interaktives Erarbeiten eines Stoffes. Das Erlernen dieser Kunst, Interesse zu wecken und für die Sache zu nutzen, ist für Germanisten besonders wichtig – für ihre spätere Berufspraxis in der Schule oder in anderen beruflichen Arbeitsfeldern.

Referent, Zuhörer und Seminarleiter müssen sich von der Vorstellung lösen, mit einem Referat und überhaupt mit einem Seminar tatsächlich wissenschaftlich vollständige Information über ein Thema zu geben bzw. zu erhalten. Dieser Irrtum beruht vermutlich auf einer Verwechslung mit dem Veranstaltungstyp Vorlesung – dieser ist stärker auf umfassende Information und Durchdringung des Gegenstands angelegt. Oder er beruht auf der Verwechslung von Wissenschaft mit Wissen. Das eine besteht ja nur im Prozess, das andere als Resultat eines Prozesses. Im Seminar können nur die wichtigsten Anstöße gegeben und Frage-Horizonte eröffnet, Interesse geweckt, Lösungswege gewiesen werden. Die umfassende und tiefgreifende wissenschaftliche Arbeit spielt sich seminarbegleitend außerhalb des Seminars, immer noch im stillen Kämmerlein, in der Bibliothek, in Archiven und in Arbeitsgruppen ab. Darum: **Keine Referate als Lektüreersatz!**

Was kann der Student tun, um die missliche Form des reinen Referate-Seminars zu vermeiden? Es soll Seminarleiter geben, die sich schlicht und einfach keine andere Ablaufform vorstellen können. Die individuell beste, zur Beseitigung des Übels aber schlechteste Möglichkeit ist: wegbleiben und zu denen gehen, die andere Seminarformen anbieten. Schlecht, weil so diese Seminare zu voll werden, um diesen besseren Stil pflegen zu können. Diese Gefahr wächst mit der Teilnehmerzahl, wenn sie über zwanzig hinausgeht.

Daher
Vorschlag 1 (für Referenten):
Weitestmöglich frei reden, nicht ablesen, dem Ganzen Mündlichkeit und Dialogfähigkeit verleihen. Es geht weniger um einen geschliffenen Vortrag. Eher darum, die Teilnehmer aktiv einzubeziehen. Sorgen Sie dafür, dass Sie nicht mit dem Rücken zum Publikum sitzen und den Seminarleiter anreden, sondern so, dass Sie zwar Blickkontakt mit dem Seminarleiter halten können, aber doch in der Hauptsache die anderen Teilnehmer als Gegenüber haben. Bei Hörsälen mit Sitzreihen heißt das: Sie müssen wohl oder übel nach vorn, neben den Seminarleiter.

Vorschlag 2 (für Zuhörer):
Werden Sie genötigt, längeren Referaten zuzuhören, so stellen Sie ungeniert Rückfragen, sagen Sie, wenn Sie etwas nicht verstanden haben (meist ist es unverständlich formuliert und/oder vom Vortragenden selbst nicht verstanden), und veranlassen Sie so Dialoge. Schweigen wird üblicherweise als Einverstandensein ausgelegt, auch als Verstandenhaben. Wenn Sie rückfragen, fürchten Sie nicht, das sei missgünstiges Am-Zeuge-Flicken. Fürchten Sie nicht, man könnte Sie als Referenten später ebenso fragen. Hoffen Sie es. Sach- und problembezogenes Fragen ist ein Ausdruck von Intelligenz.

Doktoren sollen ihre Zuhörer nicht schlagen.

Eberhard Werner Happel: Der akademische Roman [*1690*]. *Bern 1962. S. 63.*

Vorschlag 3 (für Seminarleiter):
Rücken Sie mit Ihrem Stuhl beiseite, wenn ein Referent oder eine Referatgruppe am Zuge ist, und geben Sie Ihren Tisch für die Referenten frei. Versuchen Sie vorher herauszubekommen, wie selbstständig die Referenten mit ihrem Thema und auch mit Einwürfen der Zuhörer umgehen können. Gegebenenfalls lassen Sie einen Teilnehmer die Führung der Rednerliste übernehmen, so dass nicht Sie das Wort erteilen müssen. Um zu verhindern, dass das Referat an Sie gerichtet wird, setzen Sie sich entweder unter das Publikum oder schauen zumindest konsequent weg, wenn Referenten sich den Hals verdrehen und das Wort doch an Sie richten. Oder geben Sie das Wort in die Runde zurück.

1.2 Hausarbeit

In der Hausarbeit tritt ein Gedanke in schriftlicher Form vor ein Publikum. Dieser Satz hat die Evidenz des Trivialen und muss doch immer wieder ins Bewusstsein gehoben werden. Die Hausarbeit ist auf die systematische Entwicklung eines Sachverhalts, die sachgerechte Darstellung, Diskussion und Lösung eines Problems ausgerichtet, kann pointiert argumentieren und fern von atemraubenden Zeitproblemen der Seminarsituation wichtige Aspekte vertieft untersuchen.

Sie richtet sich an einen unbekannten, aber als vorinformiert gedachten Leser (dessen Rolle in concreto der beurteilende Seminarleiter spielt). Dieser Adressat steht für ein anonymes wissenschaftliches Publikum, das nicht diskutierend in den Text eingreifen kann. Es kann aber auch nicht ermüden, der Text ist dauerhaft verfügbar und bei Bedarf auch quer und von hinten zu lesen.

Der wissenschaftliche Anspruch einer schriftlichen Arbeit ist im Allgemeinen höher als der eines Referat-Vortrages; in der schriftlichen Arbeit hat alles explizit zu sein, was für den mündlichen Vortrag erarbeitet, aber in ihm selbst nicht ausgesprochen werden konnte. Klarheit, Schlüssigkeit und sachliche Angemessenheit sind die vorrangigen Maßstäbe, an denen sich die Qualität einer Hausarbeit messen lassen muss (vgl. S. 141–145).

> Es ist aber die Belesenheit eine Fähigkeit, oder vielmehr eine Fertigkeit, aus unzählichen schlechten und guten Büchern ein Buch zu verfertigen, das unzähliche Bücher verdunkelt und den Sinn ihrer Verfasser ganz unkenntlich machet. Sie ist zweyerley Art, eine partheyische und eine unpartheyische. Jene geht bloß auf den Nutzen und die Ehre des Belesenen, diese aber dienet unschuldigerweise oft zur Beschimpfung der ganzen gelehrten Welt und zur vollkommenen Verdunkelung der Wahrheit. Die meisten Belesenen haben kein System in ihrem Gehirne, wenn sie anfangen zu lesen, um Belesene zu werden. Dannenhero bekommen sie auch keines durch das Lesen.-

(An.): Betrachtungen der Gelehrsamkeit. O. O. 1762. S. 105 f.

1.3 Nach-Denken und Selbst-Denken

Referat und schriftliche Hausarbeit unterliegen den Anforderungen wissenschaftlichen Arbeitens und wissenschaftlicher Darstellung.

Kurz gesagt besteht dies aus zwei wesentlichen Teilen: einerseits dem Sammeln, Nachlesen, Aufarbeiten wissenschaftlicher Äußerungen, andererseits dem selbstständigen Denken, dem Nichtbloß-Nachplappern. Viele Studentinnen und Studenten haben zunächst Schwierigkeiten, diese beiden Aspekte in Einklang zu bringen. Entweder sehen sie sich durch die Menge wahrgenommener Sekundärliteratur in ihrer Selbstständigkeit des Denkens beeinträchtigt und bringen nichts zuwege, oder (schlimmer) sie sind tatsächlich beeinträchtigt, ohne es zu merken, und liefern bloß kompilatorische Arbeiten ab, oder sie denken frischweg nur selbst und merken nicht, dass alles schon viel genauer aufgearbeitet ist, dass sie bei Wahrnehmung des Vor-Gedachten auch mit dem Selbstdenken weitergekommen wären.

Um Nach-Denken und Selbst-Denken deutlich zu trennen und so auch die eigenen Gedanken als originell auszuweisen, ist es notwendig, in der Hausarbeit die benutzten Primärtexte und die benutzte Sekundärliteratur in Anmerkungen genau nachzuweisen. Im Anhang folgt ein vollständiges Quellen- und Literaturverzeichnis. Die wissenschaftliche Konvention ist: Alles, was nicht als fremder Text und als fremdes Gedankengut nachgewiesen ist, wird vom Verfasser als eigene Gedankenschöpfung beansprucht. Wenn sich herausstellt, dass das nicht stimmt, gerät der Verfasser entweder in den Verdacht der wissenschaftlichen Unredlichkeit oder in den der Inkompetenz.

Das Verhältnis von Wissens-Aufarbeitung und innovativer Zuwendung bestimmt neben der Komplexität auch die unterschiedlichen Erwartungen an Hausarbeiten im Studium und zu dessen Abschluss. In einer Grundkurs-Arbeit geht es um das Einüben wissenschaftlichen Denkens, Arbeitens und Formulierens an einem begrenzten Gegenstand. Die eigene Zuwendung zu den Quellen und der selbstständige Umgang mit der Forschungsdiskussion ist erwünscht, braucht aber noch nicht in neue Forschungserkenntnisse zu münden. Das gilt prinzipiell bis hin zur Bachelor- oder Masterarbeit. Dabei wächst die Anforderung an das zu bewältigende Thema und auch die Erwartung des selbstständigen Zugriffs, die Frage der formalen Bewältigung reduziert sich zur Selbstverständlichkeit.

Mit den Studienabschlussprüfungen soll vor der Entlassung in die freie Wildbahn des Berufs die Fähigkeit unter Beweis gestellt werden, fachliche Probleme kompetent und genau zu lösen und dabei auf der Höhe der Diskussion zu sein. Erst in der Dissertation wird tatsächlich Innovation über den gegebenen Forschungsstand hinaus erwartet.

> Gelehrt, sagt man, ist derjenige, welcher vieles weiss, was andere gewusst haben, welcher viel gelesen, viel excerpirt, höchstens viel behalten hat. Die Philologen stehen in dieser Kategorie: einige haben viel behalten, andere zwar wenig behalten, aber viel excerpirt. Noch bedenklicher steht es mit denen, welche meinen, dass das Wissen überhaupt und also auch das Wissen dessen, was Andere gewusst haben, nicht den Philologen mache, sondern nur jedesmal die Technik der Auslegung und der Kritik, d. h. also die Ausübung des Mittels ein fremdes Wissen zu erkennen Philologie sei. […] Wenn man aber auch der Philologie ein Wissen zuschreibt, so ist es doch nach unserer eigenen Angabe nur ein fremdes, so lange man den Begriff der blossen Gelehrsamkeit auf sie anwendet; […]. Allein die Philologie verzichtet nicht auf alles eigene Denken, wenn ihr Ziel die Erkenntniss von Ideen sein soll; denn fremde Ideen sind für mich keine.-

August Boeckh: Enzyklopädie und Methodenlehre der philologischen Wissenschaften. Hrsg. von Ernst Bratuschek. Erster Hauptteil: Formale Theorie der philologischen Wissenschaft. Darmstadt 1966. S. 19 f. [*=Unveränd. reprogr. Nachdruck d. 2., von Rudolf Klussmann besorgten Aufl. Leipzig 1856*].

2 Themenformulierung und erstes Konzept

Nach Kenntnisnahme des literarischen Textes (der Texte/der Untersuchungsobjekte) und erstem themenorientierten Anlesen der Sekundärliteratur holt man sich, falls das nicht vorab geschehen ist, eine **genaue Themenformulierung** und spricht mit dem Seminarleiter über die **Fragestellung** der Hausarbeit. Unter der Fragestellung ist das Problem zu verstehen, das in der Hausarbeit diskutiert werden soll. Als Bearbeiter sollte man jederzeit in der Lage sein, dieses Problem in Form einer Frage auszudrücken.

Das formulierte Thema ist vor dem Hintergrund der vom Seminarleiter gegebenen Erläuterungen Wort für Wort zu prüfen und gegen andere, naheliegende Kontexte klar abzugrenzen. Hat der Seminarleiter auch Hinweise zur Sekundärliteratur gegeben, ist ihnen möglichst bald nachzugehen; die genannten Titel sind vermutlich zentral, zumindest aus seinem Themenverständnis heraus. Bei möglichen Missverständnissen scheue man sich nicht, nochmals auf den Seminarleiter zuzugehen.

Wenn der Seminarleiter das Thema für den Geschmack des tatendurstigen Bearbeiters sehr eng begrenzt und ihn gezielt auf einen zunächst marginal erscheinenden Einzelaspekt hetzt (Typ: Der Reim in Paul Celans „Die Niemandsrose“), hat das in der Regel gute Gründe: Im Detail ist zumeist ein großer Problemhorizont enthalten, auch und gerade, wenn das nicht sofort erkennbar ist. Zu breit formulierte Themen (Typ: Das Motiv der Entsagung beim alten Goethe) machen hingegen gerade dem ungeübten Bearbeiter Schwierigkeiten: Entweder wird er verführt, allgemein und phrasenhaft über alles hinwegzureden und im bloßen Handbuchwissen steckenzubleiben, oder er kapituliert vor den sich nach und nach auftuenden Abgründen. Auch der nachträgliche Wunsch, das Thema auf einen spezielleren Aspekt einzugrenzen, ist deshalb nicht ehrenrührig, sofern er konzeptionell gut begründet ist.

Möglichst bald sollte man sich deshalb ein **vorläufiges Konzept** erarbeiten: Zu entwickeln ist eine praktisch handhabbare Fragestellung samt den notwendigen und den möglichen Einzelaspekten. Zugleich ist zwecks Eingrenzung des Themas Sicherheit zu gewinnen, welche Problembereiche an den Rändern des Themas zu beachten sind – und auch, welche in das Thema hineinragenden Problemstellungen begründet auszuschließen sind. Dies führt zu einer **vorläufigen Gliederung**, die in späteren Arbeitsphasen dann aufgrund neuer Überlegungen oder auch neuer Erkenntnisse modifiziert werden kann.

> Ob dies ein Buch wird, weiß ich nicht; mir geht es um das Schreiben. Es ist mir völlig gleichgültig, wer das liest. Sonst kümmert sich doch auch keiner drum, wer das alles wieder abruft, was wir einspeichern; schon jetzt liegen Milliarden Bytes Informationen herum, mit denen niemand etwas anfangen kann. Das meiste wird schon gar nicht mehr von Menschen produziert, sondern maschinell, „online“. Irgendwo habe ich den Satz gehört: Mit dem Notizbuch entstand das Vergessen. Wie riesig muß das Vergessen im Zeitalter der Datenbanken sein!

Walter E. Richartz: Der Aussteiger. Angestelltenprosa. Zürich 1979. S. 158 f.

Einer der fundamentalsten Irrtümer besteht darin, daß die Universität den Studenten auf's Leben vorbereiten, alias, es ihm erleichtern soll, bevor er es noch betreten hat. Die Aufgabe einer Universität aber besteht keineswegs darin, möglichst viel tüchtige Theologen, Mediziner, ‚Philosophen' und Juristen heranzubilden (wie Kaiser Josef II., der die Kolleg-Hefte zensurieren ließ, vermeint hat): sondern alle diese ordinären Kerle derart nicht bloß mit Kenntnissen, sondern mit vorweggenommener Erkenntnis zu beschweren, daß nur die Allertauglichsten so was überleben können, davonkommen, und den vorausgeschossenen Pfeil einmal toto corpore einzuholen vermögen. Die anderen aber sind dann an der Alma mater lebensunfähig geworden, an ihren Kenntnissen picken geblieben, an geistiger Stuhlverstopfung gestorben: hole sie der Teufel. Die einzige Aufgabe einer Universität kann heute sein, den Leuten jeden Zugang in's praktische Leben derart zu verengen, daß keiner durchrutscht, der nicht mit allen Wassern gewaschen ist. Anders: es ist genau die Sache der Universität, jede Halbbildung zu bekämpfen, und das Gesindel auf die Fachschulen – welche für's Leben (o weh!) vorbereiten – abzudrängen. Neuestens kann ja die Geltungssucht auch dort ihr Genital mit einem ‚Doktorhut' bedecken, sei's einem der Handelskunde oder der Viecharzterei.

Heimito von Doderer: Universitäten [1955]. In: Repertorium. Ein Begreifbuch von höheren und niederen Lebens-Sachen. Hrsg. von Dietrich Weber. München 1969. S. 255 f.

3 Ausarbeitung

3.1 Textanalyse und Einarbeitung von Forschungsliteratur

Mit dieser Perspektive geht man nochmals an den Text (die Texte) und nun erst intensiv an die Forschungsliteratur. Denn erst mit einem eigenen, zumindest rudimentären Konzept wird man von ihr nicht erschlagen, sondern kann mit Verstand lesen und gezielt exzerpieren. Exzerpte sollten die Lektüre von Anbeginn begleiten, mit ihnen sollte nicht erst begonnen werden, wenn die Leseeindrücke zu verblassen drohen. Nur zu leicht vergisst man, was man wo gelesen hat, hält etwas irrigerweise für eine eigene Erkenntnis. Faustregel: Stets in Stichwörtern festhalten, was man gerade liest, und niemals voreilig auf das Gedächtnis vertrauen.

> Eine Regel beim Lesen ist die Ansicht des Verfassers, und den Hauptgedanken sich auf wenig Worte zu bringen und sich unter dieser Gestalt eigen zu machen. Wer so liest ist beschäftigt, und gewinnt, es gibt eine Art von Lektüre wobei der Geist gar nichts gewinnt, und viel mehr verliert, es ist das Lesen ohne Vergleichung mit seinem eigenen Vorrat und ohne Vereinigung mit seinem Meinungs-System.

Georg Christoph Lichtenberg (F 1222).

In der Hausarbeit selbst ist die Benutzung von Quellen und Sekundärliteratur auf Schritt und Tritt nachzuweisen. Das geschieht vornehmlich in Anmerkungen; das Literaturverzeichnis am Ende der Arbeit allein reicht nicht aus.

Eigene Feststellungen belegt man durch Textzitate, zumindest jedoch durch Stellenangabe ohne ausdrückliches Textzitat. Kurze, gezielte Zitate zur Stützung von Kernaussagen wirken besser. Aber man garniere die Arbeit nicht mit Zitaten, wenn diese die eigene Argumentation nicht wirklich und notwendig stützen.

Zu achten ist auf die logische Entsprechung von Beleg und Deutung. Die Belege dürfen nicht ungeprüft aus ihrem Kontext gerissen werden, da sie so andere Bedeutungen annehmen können. Bei Zitaten aus literarischen Texten sind auch mögliche Relativierungen z. B. durch Figurenrede im fiktionalen Erzählen zu bedenken.

Ungefähre Eindrucksbeschreibungen von Texten („langweilig", „poetisch", „pathetisch", „geistreich") sind unzureichend. Solche spontanen (und nicht unwichtigen) Eindrücke sind auf objektiv greifbare Fakten zu gründen: Grammatische Strukturen, Reimformen, stilistische Auffälligkeiten, rhetorische Figuren etc.

Bilden formale Details die Basis der Arbeit, sollte man es umgekehrt nicht bei deren Benennung bewenden lassen, sondern nach der Funktion der Formenelemente fragen. Zu prüfen ist auch, ob solche Formstrukturen auf überindividuelle (Gattungsregeln, Zeitklischees, Personalstil des Autors) oder individuelle, also textspezifische Faktoren zurückgehen.

Bei der Textanalyse sind bloße Paraphrasen zu vermeiden. Literaturwissenschaftliche Arbeiten gehen stets von der stillschweigenden Annahme aus, die zugrunde liegenden literarischen Texte seien bekannt. Wenn Inhalte referiert werden müssen, dann knapp und deutlich ausgerichtet auf die beabsichtigte explizite Auswertung, oder noch besser unauffällig und ohne Belehrungsgeste eingeflochten in die Argumentation. Ein Beispiel:

Wenn Albert Lotte anweist, die angeblich wegen einer Reise erbetenen Pistolen von der Wand zu nehmen, ist darin die ganze Fühllosigkeit Alberts zum Ausdruck gebracht. Er, nicht Lotte, hat ja mit Werther das Gespräch über den Selbstmord geführt, als Werther leichtsinnig mit einer Pistole spielte; nun aber ist er ahnungslos und gleichgültig. Von Lotte hingegen, die von dieser Vorgeschichte nichts weiß, heißt es: „Das fiel auf sie wie ein Donnerschlag."[34] Sie begreift intuitiv, aber ist zur Ohnmacht verdammt. Ihr Entsetzen gilt nicht Werthers Verlangen, sondern Alberts Kaltsinnigkeit.

3.2 Roter Faden

Im Zuge dieser argumentativen Verarbeitung von Textbeobachtungen und Forschungsmeinungen wird sich das Thema bzw. das Material nach und nach unter verschiedenen Gesichtspunkten aufschlüsseln, ohne dass man den roten Faden verliert. Das ist auch wesentlich für die Ausarbeitung: Die Ausdifferenzierung von Nuancen wiegt mehr als ein plakatives Pauschalergebnis; die Strukturierung des Problems und des Belegmaterials unter klaren Leitfragen ist besser als das bloß reihende Präsentieren von Einzelüberlegungen und Belegen.

3.3 Wertungen

Besonders schwierig ist der wertende Umgang mit dem Gegenstand und auch mit den Forschungsmeinungen. Insgesamt gilt: Literarische Werturteile sind ästhetische Urteile. Mit diesen zumindest partiell subjektiven Urteilen kann kein Anspruch auf breite Zustimmung erhoben werden. Aber man kann für solche Werturteile werben. Und das führt allemal auf die Eigenschaften eines literarischen Textes zurück. Urteile über wissenschaftliche Meinungen sind keine Gefallensurteile. Sie richten sich u. a. auf argumentative Stringenz, begriffliche Klarheit, historische Plausibilität und Erklärungsweite der vorgeführten Behauptungen. Wenn darüber hinaus ein wissenschaftlicher Text auch gut geschrieben ist, darf das dankbar hervorgehoben werden.

Will man älteren Texten gerecht werden, muss man sie zunächst aus dem Wissens- und Bewusstseinsstand ihrer Zeit betrachten, in ihrem ‚Antwortverhältnis' zur damaligen Wirklichkeit – und das bedeutet: Heranziehen von Hintergrundmaterial, Suche nach den zeitgenössischen Denkmustern, die Erkenntnis, dass auch die eigenen Maßstäbe nicht absolut sind, sondern historisch.

Bei der Fachliteratur ist obendrein zu fragen, wie sich der jeweilige methodische Ansatz legitimiert, welcher methodischen Richtung und Zeitströmung er angehört (z. B. der positivistischen, geistesgeschichtlichen, werkimmanenten, ideologiekritischen, diskursanalytischen, kulturwissenschaftlichen Richtung), inwieweit er seinen eigenen Ansprüchen genügt und welche anderen Ansätze ihn im konkreten Kontext des anstehenden Themas ergänzen oder falsifizieren können. Wichtig ist auch, das Antwortverhältnis der Forschungsmeinungen zu erkennen, den Verlauf der Forschungsdiskussion, an deren Ende man schließlich selbst steht und möglicherweise nach neuen Lösungen sucht.

Die Schulung dieser Fähigkeit zum methodischen Umgang mit Texten und zur Einordnung von Forschungsansätzen in die eigenen Erkenntnisvorgänge ist über den Einzelfall hinaus ein wesentliches Lernziel bei literaturwissenschaftlichen Referaten und Hausarbeiten.

All dies erfordert zunächst eher zurückhaltende Beschreibung als Wertung. Diese kann und soll sich anschließen – wobei sich die eigene Position aus dem bedachten Abwägen der Forschungsmeinungen untereinander und aus der genauen Prüfung an den Quellen bzw. am zu diskutierenden Text ergibt. Pauschales Verdammen fällt auf den Interpreten zurück, ironisches Abtun will gekonnt sein und erfordert eine besonders zweifelsfreie Absicherung der eigenen Ergebnisse.

Mit ironischem Sprechen wie mit anderer persönlicher Einfärbung sollte man überhaupt vorsichtig sein. Von sich selbst sollte man möglichst absehen. Wissenschaftssprache muss – im Gegensatz zu literarischem Sprechen – präzise und eindeutig sein, darf keine unterschwelligen Nebenbedeutungen enthalten. Metaphorische Ausdrücke sind mit Vorsicht zu gebrauchen, emphatisches Sprechen darüber, was einem der Text bedeutet, gehört überhaupt nicht hierher.

Vage Vermutungen gehören nicht in den Text. Unvollständige Informationen sind nur zulässig, wenn erschöpfende Recherchen unzumutbar oder unmöglich sind; das muss (in Fußnoten) angemerkt werden. Vermutungen sollten wenn überhaupt objektiv formuliert werden („dürfte", „vermutlich", „sei es ... sei es"). Subjektive Vorsichtsformeln („wie ich glaube", „meines Erachtens", „nach meiner Ansicht") dokumentieren in der Regel nur Unsicherheit. Vermutungen sind der Schlüssel zu Ergebnissen; sie gehören notwendig in den Arbeitsprozess, aber nicht in die Darstellung des Ergebnisses. Als begründete wissenschaftliche Hypothesen werden sie vorweg formuliert, um dann überprüft zu werden. Offene Fragen, die sich im Verlauf der Argumentation auftun, dürfen natürlich vorkommen. Sie sollten als solche markiert werden.

3.4 Terminologie und Logik

Besondere Aufmerksamkeit gehört Fachbegriffen (z. B. „Ironie", „Intertextualität", „Fabel", „realistisch", „erlebte Rede", „freirhythmisch"); sie werden gerade in der Literaturwissenschaft häufig falsch oder ungenau gebraucht. Das liegt mitunter daran, dass Wörter wie „realistisch" auch in der Alltagssprache gebraucht werden, dort aber einen unscharfen oder einen anderen Sinn haben. Jeder verdächtige Begriff ist deshalb terminologisch und in seiner historischen Bedeutung zu überprüfen. Im begrifflichen Training sollte man sich vom Studienbeginn an üben und möglichst nie damit aufhören. Hierzu dienen Sachwörterbücher wie das *Reallexikon der deutschen Literaturwissenschaft* und das *Metzler Lexikon Literatur* (vgl. S. 109 f.).

Die Benutzung solcher lexikalischen Grundlagenwerke wird üblicherweise nicht im Einzelnen nachgewiesen. Überhaupt sind explizite Begriffsdiskussionen in der Hausarbeit selbst meist überflüssig, es sei denn, es geht thematisch um terminologische Klärungen (Typ: Zum Begriff des ‚bürgerlichen Trauerspiels' bei Lessing). Dann aber reichen die Standard-Handbücher nicht hin, es bedarf des genaueren Einstiegs in die wissenschaftliche Diskussion.

> Ein guter Ausdruck ist so viel wert als ein guter Gedanke, weil es fast unmöglich ist sich gut auszudrücken ohne das Ausgedrückte von einer guten Seite zu zeigen.

Georg Christoph Lichtenberg (E 324).

Ebenso aufmerksam hat man auf die logische Struktur der Gedankenführung, also die Güte der Argumentation in einer Hausarbeit zu achten. Die Verknüpfungen zwischen den Aussagen, die in einer

Arbeit getroffen werden, dürfen den Regeln der Logik nicht widersprechen. Die Hypothese muss so formuliert werden, dass sie in sich stimmig und überprüfbar ist. Hilfestellung beim logischen (und auch beim terminologischen) Training gibt das folgende Buch:

Zymner, Rüdiger u. Harald Fricke: Einübung in die Literaturwissenschaft. Parodieren geht über Studieren. 5. Aufl. Paderborn: Schöningh 2007.

3.5 Zeitliche Disposition

Schon im eigenen Interesse sollte man darauf achten, dass man nicht erst im fortgeschrittenen Studium mit der Aufgabe konfrontiert wird, eine Seminararbeit streng nach den Regeln der Kunst zu erstellen; Arbeiten im Aufbau- oder Vertiefungsmodul gelingen aller Erfahrung nach deutlich besser, wenn man sich bereits im Rahmen einer Einführungsveranstaltung Routine erworben hat. Das gilt für die formale wie für die inhaltliche Seite. Und auch die Abschlussarbeit im Bachelor- oder Master-Studiengang ist mit einer sorgfältig erworbenen Routine kein Angstgegner mehr.

Aus diesem Grunde ist es ratsam, sich schon bei einfachen Arbeiten mit den unten beschriebenen **Archivierungsmöglichkeiten** (vgl. S. 61–65) vertraut zu machen, selbst wenn das Material noch mit der zunächst hinreichend und weniger umständlich erscheinenden Ringbuch-Zettelwirtschaft zu bewältigen zu sein scheint.

Die vorlesungsfreie Zeit sollte man für die Erstellung von Seminararbeiten von vornherein einkalkulieren. An vielen Instituten wird deshalb jeweils vor Semesterende ein fachspezifischer **Veranstaltungskommentar** als Dokument im Internet herausgegeben. Er enthält neben den auch im Vorlesungsverzeichnis zu findenden Angaben (Ort, Zeit, Veranstalter und Thema) Erläuterungen zum Thema, Hinweise auf Semesterapparate, auf anzuschaffende Literatur u. Ä. Oft sind die Veranstaltungskommentare trotz früheren Erscheinens aktueller als das gedruckte Vorlesungsverzeichnis des kommenden Semesters. Anhand dieser Kommentare kann man frühzeitig seine (Vor-)Entscheidungen treffen.

Wer sich bereits in den dem Semester vorangehenden Feriensprechstunden beim Lehrveranstalter nach Themen erkundigt oder gar konkret um ein Thema nachfragt, hat (sofern es nicht sowieso ein überlaufenes Seminar ist) nicht nur die freie Auswahl, sondern stößt auch bei seinem Gegenüber auf ein vorfreudiges Gesicht. Und die Einarbeitung in ein Thema vor Semesterbeginn ist eine sehr gute Vorbereitung für das Seminar insgesamt. Und wer gut vorbereitet ist, kann sich gewinnbringend am Seminargeschehen beteiligen. Wenn die Seminarteilnahme automatisch geregelt wird (wie es häufig geschieht), sollte man gegebenenfalls die Dozentin oder den Dozenten um vorzeitige Zulassung bitten. Mehr als eine Seminararbeit sollte man sich aber, solange einem das Wasser nicht bis zum Hals steht, zu gleicher Zeit nicht vornehmen; denn:

Wenn man es vernünftig anfasst, braucht man bei voller Konzentration selten weniger als drei Wochen für die Niederschrift einer Hausarbeit (ohne Belastung durch den Semesterbetrieb oder konkurrierende Arbeiten, Klausuren, Liebesaffären, Grippeanfälle, abstürzende Computer und defekte Drucker, aber unter Einrechnung von mäßigem Leerlauf wegen Wartens auf Literatur und auf Ideen). Verabredete Abgabetermine sollten eingehalten werden. Eine Arbeit, die man mit in das nächste Semester zieht, wirkt auf Körper und Geist wie ein Narkotikum.

4 Einige stilistische Ratschläge

Es ist schwer, Allgemeines über wissenschaftlichen Stil zu sagen. Noch schwerer ist es, den Sonderfall literaturwissenschaftlichen Stils so zu würdigen, dass es im Einzelfall wirklich weiterhilft. Die folgenden Ratschläge sind darum durchaus subjektiv und rudimentär, aber doch nicht zufällig.[1]

Stilistische Leitvorstellung ist die Lesbarkeit. Wissenschaftlicher Stil hat die Tendenz zu Dichtigkeit und Abstraktion. Die Komplexität der behandelten Sachverhalte birgt die Gefahr, sich in komplizierten Stil zu verwandeln. Dieser Gefahr sollte entgegengewirkt werden. Das wiederum verlangt nicht umständliche und ermüdende Länge, sondern Präzision und Prägnanz.

> Gut schreiben ist Schreiben, das der Schreibende gänzlich in der Gewalt hat: er sagt genau das, was er meint; er sagt es mit vollkommener Klarheit und Schlichtheit; er kommt mit der kleinstmöglichen Anzahl an Worten aus. [...] Ferner gibt es verschiedene Sorten Klarheit. Wir haben die Klarheit der Bitte: „Schick mir vier Pfund Nägel zu einer Mark“, und wir haben die syntaktische Einfachheit der Bitte: „Kauf mir einen Rembrandt von der Art, die ich mag.“ Das letztere ist ein ausgesprochenes Kryptogramm. Es setzt eine umfassendere, eingehendere Kenntnis des Sprechers voraus, als die meisten von uns je von einem Menschen erlangen. Es hat fast soviele Bedeutungen, wie es Leute gibt, die es sprechen könnten. Einem Fremden sagt es gar nichts.

Ezra Pound: Lesebuch. Dichtung und Prosa. Frankfurt am Main 1997. S. 95.

---

[1] Man vergleiche dazu Hans Wolf Jäger: Schön, schlicht. In: Jahrbuch der deutschen Schillergesellschaft 33 (1989). S. 418–423. – Anregungen zu gutem wissenschaftlichen Stil (anhand vieler Proben aus Hausarbeiten) gibt auch Karl-Heinz Göttert: Kleine Schreibschule für Studierende. München: Fink 1999.

Ein Literaturwissenschaftler hat es nicht nur mit literarischen Texten zu tun, sondern er wendet sich auch an Leute, die Literatur kennen, die sie lesen wollen oder zum Lesen gebracht werden sollen. Sein Text steht so in bedrängender Konkurrenz zu den Objekten seiner Darstellung, zu poetischen Texten und zu Poeten, die nicht nur versiert schreiben, sondern auch andere stilistische Mittel verwenden dürfen: Sie sind nicht primär auf die sachorientierte Darstellung von Fakten und Forschungspositionen verpflichtet. Mit Literaten sollte der wissenschaftliche Autor nicht konkurrieren wollen; es ist ein anderes Metier. Aber er sollte doch so stilsicher sein und seine Sätze so bauen können, dass er nicht schon damit den interessierten Leser abschreckt – es ist schwer genug, ihn durch Sekundärliteratur zu erreichen.

Die einfachste und wichtigste Regel lautet: Nicht zu lange Sätze, reichlich Absätze. Vor dem endgültigen Ausdruck sollte man Satzkonstruktionen nicht nur auf grammatische Richtigkeit prüfen, sondern auch auf Verstehbarkeit. Gerade wenn die Sache kompliziert wird, helfen nur noch einfache Sätze.

Manche Sonderprobleme wissenschaftlichen Formulierens treten schon in Seminararbeiten auf. Zum Beispiel **Regieanweisungen**: In ihnen offenbart sich der Umstandskrämer. Meist dienen sie nicht der Darbietung des Materials. Und sie verraten in den meisten Fällen mangelnde Durchstrukturierung des Textes (z. B.: „Bevor ich jedoch hierzu komme, möchte ich noch ausführen, dass ...“). Man sage nicht umständlich, was man nun tun will, sondern tue es. Das wirkt eleganter und belastet den Text nicht mit unnötigen Längen. Wo solche Regieanweisungen unumgänglich sind, empfiehlt sich äußerste Knappheit.

Aber: Wie soll man bei solchen Gelegenheiten von sich selbst reden? Die oben (S. 27) erwähnte Forderung nach Objektivierung, nach Rücknahme des eigenen Subjekts erzwingt keinen völligen Verzicht auf die Ichform, sondern nur Zurückhaltung. Man sage durchaus „Ich“, wenn man von sich spricht, nicht umständlich „Der Verfasser“ oder – in dreister Vereinnahmung des Lesers – „Wir“. Besser ist es freilich, wenn man die Dinge weitgehend selbst sprechen lässt.

Dem sprichwörtlich trockenen, schwerfälligen, fremdwortgespickten Wissenschaftsstil entgeht man auf andere Weise.

Dazu gehört die **Entflechtung langer Sätze.** Schwierige Argumentationen führen oft zu komplizierten Sätzen mit hypotaktischer Struktur; selbst wenn sie richtig gebaut sind, sind sie doch für den wehrlosen Leser eine Zumutung – jedenfalls wenn sie gehäuft auftreten. Die meisten solcher Satz-Monstren lassen sich umstandslos in mehrere Sätze von größerer Prägnanz auflösen.

Den gedanklichen Zusammenhang dieser Sätze – Kausalität, Finalität etc. – kann man dennoch leicht markieren: durch Satzzeichen wie Doppelpunkt, Gedankenstrich, Semikolon und durch Konjunktionen („indessen“, „hingegen“, „so“, „folglich“ u. Ä.). Zum Beispiel kann man durch relativen Anschluss und Doppelpunkt einen Relativsatz in einen folgenden Hauptsatz auflösen (wie in folgendem Satz).

Keineswegs aber soll dem sprichwörtlichen Bildzeitungs-Stil das Wort geredet werden: Dieser vereinfacht und vergröbert auch die Sachverhalte.

Nur kurze Sätze sind auch von Übel und in Reihungen dürfen sie nicht stets gleich gebaut sein – es sei denn, dies wird bewusst als Stilfigur eingesetzt. Variation und Präzisierung erreicht man hier durch Inversion. Am besten klingt eine Mischung aus einfachen Hauptsätzen und zwei- bis dreigliedrigen Satzgefügen; dazwischen darf sich dann ab und zu ein kunstvoller Schachtelsatz in ganzer Pracht auftürmen, wenn er auch inhaltlich die Schwere des Gedankens trägt.

Es geht um übersichtlichen Satzbau und um unauffälligen Einsatz rhetorischer Mittel. Diese werden gerade in wissenschaftlichen Texten eher paraphrasiert als angewendet. Extra zur Abschreckung erfunden, aber keineswegs praxisfern ist folgende umständlich-ungelenke Formulierung:

> *Um die sich im Anschluss daran ergebende Frage, ob und wie die Zeitgenossen auf diesen Text, der sie schockieren musste, reagierten, zu lösen, stellt der Verfasser im Folgenden die Rezensionen zu diesem Roman, soweit er sie auffinden konnte, vor.*

Das klingt, als sei hier viel Gedankengut komprimiert. Aber es klingt auch kompliziert, der Satz verrät mehr sein mühsames Zustandekommen und gedankliche Umständlichkeit als seinen endgültigen Inhalt.

Wie kann man diesen Satz verbessern? Am dringlichsten ist die unglücklich verschachtelte Wortstellung zu bereinigen: Das nachhinkende „zu lösen" wird ebenso wie „reagierten" und „vor" vorgezogen. Außerdem kann „stellt der Verfasser ... vor" ersetzt werden durch „stelle ich ... vor". Im Zuge dessen wird das zuvor falsch an „Roman" anschließende „er" zu „ich" und bekommt so den richtigen Bezug.

Als nächstes wird der Infinitiv in einen selbstständigen Satz aufgelöst und der folgende Satz wird mit „darüber" angeschlossen, verkürzt und neutralisiert:

> *Im Anschluss daran [besser: Daraus] ergibt sich die Frage ... Auskunft darüber geben die Rezensionen.*[12]

(Die Fußnote erklärt nun, welche Rezensionen warum unerreichbar waren – das ist präziser und entlastet den Haupttext um ein technisches Detail.)

„Daraus ergibt sich die Frage" ist immer noch eine entbehrliche Floskel; ebenso das etwas wendigere „Die Frage ist nun". Warum nicht gleich eine Frage formulieren – etwa so:

> *Wie reagieren nun die Zeitgenossen auf diesen Text? Zeigten sie sich schockiert? Antwort geben die Rezensionen.*

Das klingt zugegebenermaßen unakademischer, nicht so gelehrt, aber es trifft das Problem und das eigene Vorgehen genauer und ist obendrein kürzer. Und genau darum geht es.

Das ist nur ein Beispiel. Germanisten mit sportlichem Ehrgeiz sollten sich bei ihrer nächsten wissenschaftlichen Äußerung die folgende Denksport-Aufgabe nicht entgehen lassen:

Hier sind zwölf Punkte: ....
Versuche, diese Punkte als Satzzeichen in deinem für fertig gehaltenen Text unterzubringen.

Die Lösung dieser Aufgabe gibt jedem Junggermanisten berechtigte Hoffnung, auf Dauer selbst mit prominenten Philologen konkurrieren zu können: Nach Ausweis seiner Schriften ist so mancher an dieser Aufgabe offensichtlich gescheitert und dennoch in Amt und Würden. Zur Erklärung dieses Phänomens schlage man im letzten Artikel der Zeitschrift „Athenäum" von 1800 nach; er heißt: „Über die Unverständlichkeit".[2]

Das Schnitzel und die Kunst

Flaubert sprach von den „affres du style", von den Ängsten und Schrecken, die ihm seine skrupulöse Arbeit am Stil verursachte. Er konnte für einen einzigen Satz, den er mitklopfend unzählige Male laut las und im Zimmer auf- und abschreitend rhythmisch und klanglich genau abhörte, eine Stunde oder noch viel länger brauchen.
„Was klopfen Sie denn da die ganze Zeit?" fragte ihn seine Zimmerwirtin.
„Ich klopfe meine Sätze ab, damit sie hart werden", antwortete Flaubert, „sonst überdauern sie die Zeit nicht."
„Merkwürdig: Ich klopfe mein Fleisch, damit es weich wird, und Sie klopfen Ihre Sätze, damit sie hart werden!" rief die Wirtin aus.
Damit hatte sie den Unterschied zwischen Kunst und Realität auf eine klare Formel gebracht: ein Schnitzel ist zum Essen da, ein Kunstwerk ist nicht zum Essen da.
Dieser Satz ist im übrigen die Kurzfassung von Kants Ästhetik und wird bei jeder Prüfung als Kant-Ersatz anerkannt.

Kay Borowsky: Goethe liebte das Seilhüpfen. Tübingen 1980. S. 67.

Absätze, Absätze, Absätze: Sie sind als Strukturelement nicht zu unterschätzen. Natürlich sollen Absätze nicht um jeden Preis gebildet werden; eine gedankliche Einheit im Ganzen des Textes müssen sie schon bilden. Als Faustregel gilt: Jede Seite sollte mindestens

---

[2] Man vgl. auch Klaus Laermann: Lacancan und Derridada. Über die Frankolatrie in den Geisteswissenschaften. In: Kursbuch 84 (1986). S. 34–43.

einen, möglichst zwei oder drei Absätze enthalten. Sie nötigen beim Schreiben zur Bündelung der Gedanken und zur Strukturierung der größeren Argumentationsbögen.

Der **ersten Absatzzeile** gebührt besondere Formulierungs-Sorgfalt; an ihr orientiert sich der Blick des Lesers nicht nur bei kursorischem Lesen. Hierher gehört in aller Unauffälligkeit und scheinbaren Beiläufigkeit das Stichwort oder das gedankliche Element, um das es im Folgenden gehen soll. Der erste Satz im Absatz sollte obendrein nicht zu lang sein. Auch hier verbieten sich Floskeln wie „Im Anschluss daran ergibt sich die Frage ..."

Fremdwörter: Sie sind notwendig, weil Wissenschaftssprache immer Fachsprache ist, mit eng definierten Begriffen. Statt „realistisch" kann man nicht einfach „wirklichkeitsgetreu" oder „ungeschminkt" sagen; das ist zweimal etwas anderes. Noch schlimmer ist es, wenn – möglicherweise aus Unkenntnis des Fachworts – lang und breit ein Sachverhalt umschrieben wird; das verrät fachliche Inkompetenz. Bedenklich bis unerträglich aber wird es, wenn Fachterminologie unkontrolliert ausufert oder Problembewusstsein vortäuscht, eine bloß sprachliche Fassade aufrichtet. Es gibt im Wissenschaftsjargon Moden. In den 70er Jahren war etwa das Wort „rezeptionsästhetisch" in aller Munde, in den 80er Jahren das Wort „Diskurs" und in den 90er Jahren „gender". Allemal stecken gewichtige Theorien oder einflussreiche Theoretiker und Theoretikerinnen dahinter (Jauß, Foucault, Butler u. a.). Vielen, die die Wörter benutzen, sind die im Hintergrund stehenden Begriffe nicht ernstlich präsent. Es geht bei diesem Problem also weniger um Fragen der Sprachreinigung, der patriotischen Fremdwortfeindlichkeit („Schauspiel" ist nicht besser als „Drama"), sondern um die Frage, wieweit ein eingeführter wissenschaftlicher Terminus tatsächlich Inhalt mit sich führt – nicht allgemein, sondern im konkreten Anwendungsfall. Phrasen, auch Wissenschaftsphrasen sind in jedem Fall zu vermeiden.

Unfreiwillig bemerkbar macht sich die Fremd- und Fachwort-Huberei dadurch, dass mindestens zwei davon, möglichst Neologismen, zusammenstehen – sei es als Wortverbindung („Kanonalvertitienz"), sei es in adjektivischer Ergänzung eines Substantivs („additionelle Kanonalvertitienz") oder in anderen grammatischen Erscheinungsformen.

Metaphern: Vor allem um Trockenheit bemühte Puristen meinen, dass sie in wissenschaftlichen Arbeiten verboten seien. Dabei kann man sich mit ihnen den Leser gewogen machen. An der richtigen Stelle gebraucht, lockern Metaphern einen Text auf und gehen nicht zu Lasten der Eindeutigkeit. Dennoch sind Vorsicht und Zurückhaltung geboten. Metaphern bergen die Gefahr des unbestimmten Ausdrucks. Sie können den Leser in die Irre führen oder die Frage provozieren: Was genau ist gemeint? Beides fällt auf den Autor zurück.

Substantivierungen, Nominalstil: Eine typische Erscheinung wissenschaftlichen Stils und nicht die beste. Sie ist nicht ganz zu umgehen, aber man sollte doch versuchen, Häufungen zu vermeiden. Besonders unschön sind Genitiv-Reihungen: „Die Aufnahme der Hauptwerke des Autors ..." Auch Partizipialkonstruktionen klingen meist steif.

Wie oft passiert es einem, daß er sagen will: diese und jene Tat gefällt mir an diesem und jenem Menschen. Statt das aber so zu sagen, hat der Mensch die Neigung, es eleganter zu sagen, und stößt dabei auf die größten Schwierigkeiten, und es kommt dann ein so undurchschaubarer Satz heraus wie dieser: „Das hat mir ihn sympathisch gemacht." Etwas Bodenloses spricht aus diesen Worten, und wir fragen uns: stimmt dieser Satz denn auch? Heißt es nicht eher: „Das hat mir ihm sympathisch gemacht"? Niemals – spüren wir. Dann schon lieber so: „Das hat mich ihn" – nein! Aber vielleicht: „Das hat mich ihm sympathisch gemacht." Jawohl, so geht's! Nur – merken wir bei aller Freude den kleinen Unterschied? Der Satz stimmt zwar irgendwie, doch ist der Sinn jetzt genau umgekehrt, oder zumindest anders oder wie. Hier Ursache, Wirkung usw. auseinanderzuhalten, ist fast aussichtslos. Dennoch können wir eine kleine Bauernregel anbieten, die uns souverän über so gefährliche Sätze hinweghilft: Entweder zuerst Akkusativ und dann Dativ, oder zuerst Dativ und dann Akkusativ. Zweimal Dativ oder zwei mal Akkusativ geht nicht.

> Wer das auch noch nicht versteht, dem sei folgendermaßen weitergeholfen: Entweder zwei dicke Buchstaben am Schluß (ch, m) oder zwei dünne (r, n). Gemischt (Ch-n bzw. r-m) geht nicht.

Eckhard Henscheid: Happige Grammatik. In: Ders.: Ein scharmanter Bauer. Erzählungen und Bagatellen. Frankfurt am Main 1980. S. 155.

Epitheta ornantia – schmückende Beiwörter: Das ist nicht nur ein historisches Problem der literarischen Stillehre, sondern auch ein praktisches des wissenschaftlichen Stils. Bei Adjektiven ist zu prüfen, ob sie wirklich notwendig sind – das Bemühen um exakte Beschreibung führt oft zur Redundanz. Gänzlich vermeiden sollte man Adjektive der inneren Beteiligung („diese ergreifenden Worte") und der nicht näher begründeten Wertung („ein großer Dichter"), soweit sie nicht erkennbar die Positionen Dritter bezeichnen.

Satzschlüsse, Kapitelschlüsse und auch der Schluss der ganzen Abhandlung bedürfen besonderer Aufmerksamkeit. Satzschlüsse werden pointiert, wenn sie in eine rhythmische Kadenz auslaufen. Schluss-Sätze eines längeren Sinnabschnitts dürfen besonders lapidar sein, fangen so einen komplexen Gliedsatz hypotaktischer Art ab, der die wesentliche Conclusio trägt.

Probleme beim **Tempusgebrauch** ergeben sich regelmäßig, wenn über historische Fakten zu berichten ist und aus diesem Zusammenhang heraus Textinterpretation betrieben wird. Vergangene Geschehnisse scheinen Präteritum zu fordern, Textbeschreibungen und auch Inhaltsreferate zu fiktionalem Geschehen fordern eindeutig das Präsens. Beides angemessen zu mischen ist stilistisch schwierig und obendrein gerät man über das (sog. epische) Präteritum leicht ins ‚Erzählen', wo nur berichtet bzw. referiert werden soll. In den meisten Fällen hilft man sich aus der Not, indem man auch das historische Geschehen präsentisch fasst („Einen Monat später reist Kafka zu Felice"). In jedem Fall ist das Tempusgefüge bewusst zu kontrollieren.

Wie referiert man Forschungspositionen im laufenden Text? Will man eine Ansicht referieren, ohne sie als Faktum zu bestätigen, fordert dies den **Konjunktiv I:** „XY ist anderer Ansicht. Der Text sei älter; er habe eine ganz andere Struktur." Solche Konjunktive schaffen Erwartungsdruck nach indikativischer Stellungnahme, wie (anders) es sich denn nun verhält; lange konjunktivische Passagen wirken deshalb angestrengt distanziert. Ersatz-Formulierungen wie „ist der Ansicht, dass", „glaubt / meint / sagt / behauptet, dass" wirken zumeist unbeholfen und reduzieren wohlfundierte Forschungsergebnisse aufs Unverbindliche. Bei längeren Passagen verfährt man besser so: Zunächst wird der Forscher-Name durch eine ‚Standort'-Floskel eingeführt („Eine abweichende Position vertritt XY. Danach ist der Text älter …"). Nun kann indikativisch diese Position des Längeren referiert werden und am Schluss wird durch die eigene Stellungnahme dazu die Einschätzung der referierten Ergebnisse geleistet.

Titelgebung: Hier gibt es viel Steifleinenes und viel Überflüssiges. Titel und Nebentitel wissenschaftlicher Untersuchungen, die mit „Untersuchung zu …" oder „Probleme des …" beginnen, künden damit an, dass sie gravitätisch und staubtrocken sind. Nicht viel besser ist „Strukturuntersuchungen" u. Ä.; hier würde besser formuliert: „Zur Struktur …".

Wählt man eine Teilung in Haupt- und Nebentitel, ist das die Entscheidung für einen eher kurzen, prägnanten Haupttitel, der Lust auf das Thema macht und dessen Kern in sich trägt; auch ein Zitat (oder Zitatfetzen) ist geeignet, wenn dieses dann in der Arbeit an zentraler Stelle wieder aufgegriffen wird. Der Haupttitel wird näher bestimmt durch einen erklärenden, streng sachlichen Nebentitel. Hier sollte man nicht mogeln und im Haupttitel den Mund voller nehmen als durch den Nebentitel gerechtfertigt ist. Ein Haupttitel „Weibliche Tugenden im Drama der Aufklärung" bricht in seinem Anspruch zusammen, wenn darunter steht: „Zu Lessings ‚Minna von Barnhelm'" – auch wenn dies Phänomen tatsächlich paradigmatisch an diesem Drama abgehandelt werden kann. Nicht nur informativ, sondern darüber hinaus schön ist: „Des Geklimpers vielverworrner Töne Rausch. Die metrische Gestaltung in Goethes ‚Faust'".

Sodann unsere Philologen, insbesondere unsere „klassischen“ Philologen –; ich erwähne sogleich, daß ich die „Germanisten“ als die geborenen Feinde der Literatur, speziell der jeweiligen zeitgenössischen Literatur – die Herren frönen in der Regel nur der Poussarde ihrer Geschmackswarzen, welche auf paläontologisch-archäologische Museumsgelüste abgerichtet sind! – daß ich diese Sippschaft also beinahe noch mehr ins Herz geschlossen habe, als die Philologen von strikt klassischer Observanz selber! Und das will doch sehrviel heißen! Der Germanist hat gewiß auch eine Art von Anismus für die Literatur, ich meine: für die Literatur als synthetisches Ganze. Als Gymnasiast hat er gewöhnlich steif und fest daran geglaubt, dermaleinst item dichterischen Lorbeericht en masse einheimsen zu dürfen. Er hat sehr viel gelesen, vieles behalten: das meiste wörtlich, er zitiert sehr gern – aber also pflegen es alle diejenigen zu halten, deren eigenes spontan-beweglich-bewegtes Assoziationsvermögen sehr defekt und hektisch ist. Die haben's dann leicht, wörtlich wiederzukäuen. Nachher auf der Universität studiert der Jüngling vor allem Literaturgeschichte und wird außerdem ein sehr mundartiges Wesen, kapselt sich tapfer in Wolfgang Goethesches Poetenfleisch ein: Goethe fand ja auch in seinen verkühlteren Herbsttagen alles äußerst „artig“, „sinnig“ „anmutig“! Mit der eigenen dichterischen Produktionskraft ist es doch nicht so weit her, verspürt mit der Zeit immer deutlicher das immer „germanistischer“, d. h. prähistorisch-analytisch-kritisch denken lernende Menschenkind: flugs wird die Bestie boshaft, ediert irgendeine mit Recht vergessene Schmieralie aus dem fünfzehnten oder siebzehnten Jahrhundert und benimmt sich der zeitgenössischen Literatur gegenüber, die sich naturgemäß in Taten, Werken und Leistungen auseinandersetzt, so rüpelhaft und anstandslos, als säße sie auf ihrem Klosett und lauschte auf die Katastrophenmusik ihrer Entleibungen – als wäre sie gänzlieh „unter sich“ – wobei sie noch vollständig vergißt, daß es doch sehr zweifelhaft ist, ob es überhaupt Zeiten gibt wo sie auf sich oder gar über sich wäre! … Der Germanist ist von Beruf, Fach und Stuhl – ich meine jetzt: Lehrstuhl, nicht Nachtstuhl – er ist in der Mehrzahl der Fälle immer einmal ein poetischer Dilettant gewesen, sehr oft ist er es geblieben – da er sich indessen unsterblich blamieren würde, wagte er sich mit seinen Albernheiten heraus, schöbe er, der Frechling, sie ans helle Licht der Sonne – oft genug tut er das ja wirklich: wir haben eine immerhin nicht unansehnliche Oberlehrer-Poesie in Deutschland [...] – so, sage ich, fahre ich fort, behält er sie zumeist in seiner Truhe, – und rächt sich für seine gebrochene Versetztheit, für seine staatlich diplomierte Impotenz dadurch, daß er als kritisierender Wüterich, als fauchendes Stinktier in den Zeitungen, Zeitschriften und Fachblättern herumhalunkt ... Wahrhaftig! eher wird es nicht besser, eher wird die Luft nicht reiner in unserem teuren Germanien, solange man nicht einen nach dem anderen aller dieser Lumpe und Schufte mit ihrem Eunuchengehirn und der dressierten Spalierwelt ihrer tauben, unfruchtbaren Gefühle niederschießen darf, wann und wo man will, wann und wo man ihn findet! Keiner von den Kerlen kann auch nur das Geringste positiv leisten [...]-

Hermann Conradi: Wilhelm II. und die junge Generation. Eine zeitpsychologische Betrachtung [1889]. *In: Hermann Conradis Gesammelte Schriften. Hrsg. von G. W. Peters. 3. Band. München 1911. S. 402–404.*

Eine besondere Kunst ist das Verfassen einer ansprechenden und zugleich präzise zum Thema führenden **Einleitung**; sie sollte zunächst nur vorläufig abgefasst und nach Abschluss der ganzen Arbeit noch einmal gezielt durchformuliert werden. Deshalb auch wird Näheres erst auf S. 125–140 unter „Bestandteile der fertigen Hausarbeit“ gesagt.

Textredaktion am PC: Die gängigen Textverarbeitungsprogramme bieten mannigfache Möglichkeiten des stilistischen Redigierens. Man sollte sie nutzen. Zum Beispiel bei Wiederholungen. Stellt man fest, dass bestimmte Wendungen, Floskeln („freilich“, „Problem“, „nichts anderes als“) oder persönliche bzw. gruppenspezifische Lieblingswörter („ein Problem verhandeln“, „verorten“) zu häufig vorkommen, kann man mit einem Suchbefehl den Text systematisch durchforsten und Verbesserungen vornehmen. Auch überlange Sätze lassen sich rein technisch feststellen. Der versierte Textverarbeiter schreibt ein Makro, das den Text auf Sätze absucht, die eine zulässige Zeichenmenge überschreiten. Diese Ratschläge sollten nicht davon entbinden, das am Bildschirm Überarbeitete immer wieder an Zwischenausdrucken genau zu kontrollieren.

Diese lesende Kontrolle des ausgedruckten Textes ist auch aus einem anderen Grund wichtig. Bei der Überarbeitung am Bildschirm mischen sich oft genug unterschiedliche Fassungen des Textes. Gerade wenn man bei stilistischer oder inhaltlicher Änderung in die Syntax eingreift, ergeben sich leicht grammatische Fehlbezüge, Anakoluthe entstehen, logische Anschlüsse stimmen nicht mehr. Das erfordert viel Aufmerksamkeit gegenüber dem eigenen Text: Nach und nach wird er nämlich so selbstverständlich, dass man leicht über unstimmig gewordene Details hinwegliest.

Nicht erst beim letzten Korrekturgang getilgt, sondern von vornherein vermieden werden sollten **Stilblüten** („In der dritten Strophe kommt das lyrische Ich zum Höhepunkt"), nichtssagende Floskeln („Das regt den Leser zum Denken an") und unbedacht gebrauchte Ausdrücke (wie „scheinbar", wenn „anscheinend", oder „mystisch", wenn „mythisch" gemeint ist).

Razzia auf Literarhistoriker

Wo ich geh' und steh', wimmelt es jetzt von Literarhistorikern, also von Historikern, die in keinem Zusammenhange mit der Literatur stehen und darum nur Literarhistoriker heißen. Was soll ich mit den Leuten anfangen? Ich will die, die es schon sind, verstümmeln und darum die nachfolgenden verhindern. Ich will das Handwerk verächtlich machen. Ich will den Totengräbern zeigen, daß der Henker mehr Ehre aufhebt. Ich sammle die Fälle und bitte um Unterstützung. Stille Kreuzottern zu töten, ist schnöde und der steirische Landtag zahlt für jede zwölf – (hier will sich mir eine unerwünschte Ideenassoziation mit Herrn Rudolf Hans Bartsch ergeben). Ich zahle für jeden Literarhistoriker dreizehn Heller. Man folge mir in die Seminare, aber man scheue auch die Redaktionen nicht. Gerade dort nisten sie.

Karl Kraus: Die Fackel 339/340. S. 29.

5 Zur Form bibliografischer Angaben

So unverbindlich stilistische Ratschläge sind, so verbindlich sind die formalen Konventionen bei bibliografischen Angaben. Sie werden einheitlich gehandhabt, damit man ein Buch in Bibliografien, in Katalogen, in Bibliotheken schnell und eindeutig identifizieren und finden kann.

Dabei gibt es je nach Verwendungszweck etwas unterschiedliche Titelaufnahmen: Eine bibliothekarische Titelaufnahme sieht anders aus als eine Titelaufnahme in einem Buchhandels-Katalog, in den etwa Preis, Bestellnummer und Lieferbarkeits-Angabe aufgenommen werden.

Im Rahmen literaturwissenschaftlichen Arbeitens lehnt man sich an bibliothekarische Konventionen an, da es vorrangig darum geht, die genannten Buch- oder Aufsatztitel in Bibliotheken und Bibliografien finden zu können.

Unentbehrlich sind folgende Angaben:

- **Verfasser**: Diese Angabe ist die wichtigste, da Bibliografien im Allgemeinen nach Verfassernamen sortiert sind. Dazu gehört auch der vollständige Vorname; er ist das zweite Ordnungskriterium in alphabetischen Verfasser-Bibliografien. Weitere Vornamen kann man abkürzen.
- **Titel**: Er ist nicht nur wichtig als Hinweis auf den Buchinhalt, sondern auch als Sortierkriterium. Allerdings gibt es durchaus ähnlich lautende Titel eines Verfassers. Deshalb sind eventuelle Nebentitel stets mit anzugeben.
- **Ort**: Der Verlagsort dient der weiteren Identifizierung. Meist wird nur der erste Verlagsort genannt.
- **Jahr**: Das Erscheinungsjahr dient der zeitlichen Einordnung und auch der Identifikation verschiedener Auflagen.

- **Auflage:** Ist ein Buch in mehreren Auflagen erschienen, kann es inhaltliche Unterschiede geben. Deshalb sollten auch Angaben wie „verändert", „erweitert" mit aufgenommen werden.
- **Herausgeber:** Für Bücher, die keinen alleinigen Autor haben, zeichnet meist ein Herausgeber verantwortlich. Nach älterer bibliografischer Konvention („Preußische Instruktionen") wird er als erstes Ordnungskriterium wie ein Verfasser behandelt. Nach neuerer Konvention (RAK – Regeln für die alphabetische Katalogisierung) wird er nachgestellt, erhält in Katalogen aber einen Nebeneintrag.
- **Bandzahl:** Bei mehrbändigen Werken ist die Gesamtzahl der Bände aufzuführen; dabei sind zu jedem Band weitere Einzelangaben wie Herausgeber, Ort, Jahr gesondert anzugeben, sofern sie nicht für alle Bände gleich sind.

Im Titel nicht angegebene Orts-, Verlags- und Jahresangaben kennzeichnet man durch „o. O." (ohne Ort), „o. V." (ohne Verlag), „o. J." (ohne Jahr) an der entsprechenden Stelle der bibliografischen Angabe. Sind die fehlenden Angaben anderweitig am Buch zu erschließen (z. B. anhand der Datierung des Vorworts), setzt man sie in eckige Klammern hinzu. Bei „o. J." sollte man in dieser Weise auch eine nur ungefähre Schätzung des Erscheinungsjahres anfügen (nach dem Muster: o. J. [ca. 1740]).

Wesentlich sind weiterhin folgende Angaben:

- **Name des Übersetzers, der Übersetzerin:** Handelt es sich bei dem zitierten Werk um eine Übersetzung aus einer fremden Sprache, wird er neuerdings immer häufiger berücksichtigt. Das ist nicht nur ein Zeichen der Höflichkeit gegenüber einem ganzen Berufsstand, sondern hilft auch beim Unterscheiden konkurrierender Übersetzungen.
- **Verlag:** Diese Angabe setzt sich in philologischem Kontext in neuerer Zeit durch. Bei nicht mehr lieferbaren Büchern wäre sie buchhändlerisch entbehrlich, hat dann aber einen anderen Sinn: Sie verweist auf publikationsgeschichtliche Zusammenhänge oder erleichtert – neben dem Verlagsort – auch die schnelle Verständigung (z. B. werden Goethe-Ausgaben u. a.

nach Verlagsorten und Verlagen benannt: Frankfurter Ausgabe, Münchner Ausgabe, Cotta, Artemis).

- **Reihentitel**: Hat ein Buch einen Reihentitel samt Zählung, wird dies mit aufgeführt.
- **Seitenzählung**: Angaben über den Gesamt-Umfang erscheinen nicht bei Buchtiteln; bei Aufsätzen aber wird stets die erste und die letzte Seite eines Aufsatztitels angegeben.

Nicht aufgenommen werden folgende Angaben:

- **Akademische Grade** oder andere Titel/Berufsbezeichnungen des Verfassers oder Herausgebers.
- **Preis**: Er kann sich ändern und ist außerdem eine rein buchhändlerische Information.
- **Format**: Angaben wie Folio (daher der „Foliant"), 4° (Quart-Format), 8° (Oktav-Format), 12° (Duodez-Format).
- **Rechtsform** des Verlags (GmbH; AG).
- **ISBN** (International Standard Book Number): Diese standardisierte Buchnummer enthält in einem Zahlenschlüssel folgende Angaben: Präfix – Erscheinungsland – Verlag – Nummer des Werks in der Verlagsproduktion – Kontrollzahl. Dem Buchhändler erleichtert die ISBN die Bestellung.
- **Umschlagfarbe**.
- **Zustand** des benutzten Exemplars: Diese Angabe findet sich sinnvollerweise nur in Antiquariats-Katalogen.

Nur in besonderen Fällen werden aufgenommen:

- **Standort**: Der Standort des benutzten Exemplars, in der Regel also die besitzende Bibliothek, ist nur dann von Belang, wenn das (meist ältere) Buch sehr selten oder gar nur einmal erhalten ist. Dann wird ganz am Ende der bibliografischen Angabe in eckigen Klammern der Standort (Bibliothekssigle, vgl. S. 133 f.) genannt.
- Ort und Jahr der **ersten Auflage**, falls eine spätere Auflage zitiert wird; dies ist vor allem dann angebracht, wenn es inhaltlichen Sinn im Zusammenhang der Zitierung hat.
- Angaben wie „**8. bis 10. Tausend**": Sie erscheinen in der Regel nur bei älteren Werken ca. vor 1920, da sie dort auch (stillschweigend) veränderte Auflagen bezeichnen können.

- Angaben über **Zahl der Abbildungen** im Text u. Ä. erscheinen nur, wenn sie auf dem Titelblatt angegeben sind; in diesem Fall können sie auch durch eckige Klammern ausgeschlossen werden: [...]. Ansonsten werden solche Angaben nur hinzugesetzt, wenn es einen inhaltlichen Sinn im Zusammenhang der Zitierung hat, und zwar durch eckige Klammern als eigener Zusatz gekennzeichnet.

Die maßgeblichen Daten für eine bibliografische Angabe stehen weder auf dem Buchumschlag noch auf dem Einband (der ist völlig irrelevant), sondern auf dem inneren Titelblatt; man nennt die dort erscheinenden Daten auch „Titelei".

Der Haupttitel steht in der Regel auf einer rechten Seite. Ort und Jahr finden sich meist unten auf der Titelseite, sonst auch auf der Rückseite des Titelblatts; dort oder links gegenüber der Titelseite steht evtl. ein Reihentitel. Bei manchen, meist älteren Büchern finden sich Ort und Jahr auch am Buchende.

Vor dem Titelblatt steht bei gebundenen Ausgaben noch ein Vorsatzblatt, auf dem sich noch einmal ein Kurztitel findet (der so genannte Schmutztitel zur Orientierung des Buchbinders, die Außenseite des Buchblocks vor dem Binden).

An den Außentitel kann man sich aus drei Gründen nicht halten: 1. Er kann zu Werbezwecken anders gestaltet sein (oft ist er verkürzt). 2. Den Einband fügt erst der Buchbinder hinzu. 3. Auch Neubinden (z. B. von Bibliotheksexemplaren) kann den Außentitel (wie auch den Rückentitel) verändern.

In Fällen, die unlösbar erscheinen, helfen die RAK (Regeln für die alphabetische Katalogisierung) in wissenschaftlichen Bibliotheken sowie die DIN-Norm 1505 (vgl. S. 94). Dort kann man im Detail alles an Regelbarem nachlesen, z. B. über Zitierweisen bei Filmen, Plakaten u. Ä.

5.1 Titelangaben bei Verfasserschriften (Monografien)

Verfasserschriften nennt man eine von einem oder mehreren Autoren verfasste Einzelschrift, sofern sie selbstständig als Buch erschienen ist (im Unterschied zu Zeitschriften, Jahrbüchern, Kongressberichten, Sammelwerken). Der Begriff *Monografie* meint das Gleiche, assoziiert aber zugleich die innere Geschlossenheit des behandelten Gegenstandes als Einzelleistung eines Autors.

Schema:

Verfassername, Vorname: Titel. Nebentitel. Auflage [falls nicht 1. Aufl.]. Ort: Verlag Jahr (= Reihentitel).

Beispiele:

Doering, Sabine: Aber was ist diß? Formen und Funktionen der Frage in Hölderlins dichterischem Werk. Göttingen: Vandenhoeck & Ruprecht 1992 (= Palaestra 294).

Macheiner, Judith: Das grammatische Varieté oder Die Kunst und das Vergnügen, deutsche Sätze zu bilden. München: Piper 2003.

Hat ein Buch mehrere Verfasser, werden diese in der vorgefundenen Reihenfolge (meist alphabetisch) genannt. Nur beim ersten Namen wird der Vorname nachgestellt. Bei mehr als drei Verfassern kann man nach dem zweiten Namen mit „u. a.“ abkürzen.

5.2 Titelangaben bei Zeitschriftenaufsätzen

Man erkennt einen Aufsatztitel daran, dass ein „In:“ ihn als Teil eines Sammelwerkes ausweist. Hinzu kommt die Angabe der Seitenzahlen von–bis; hierbei sind stets die erste und die letzte Seite zu nennen (das verbreitete „ff.“ ist ungenau). Weiteres zur Zitierweise von Aufsätzen ist auf S. 134 nachzulesen. – Dass es sich bei dem Sammelwerk um eine Zeitschrift handelt, signalisiert die Jahrgangsnummer zusammen mit der in Klammer gesetzten Jahreszahl; obendrein wird in der Regel kein Ort angegeben.

Schema:

Verfassername, Vorname: Titel. Nebentitel. In: Zeitschriftentitel Jahrgangsnr. (Jahr). S. x–y.

Beispiele:

Moennighoff, Burkhard: Die Bibliothek als Schauplatz (Lessing, Mehring, Borges). In: literatur für leser 23 (2000). S. 121–131. (Statt „literatur für leser" kann man als übliche Abkürzung setzen: lfl. Für solche Zeitschriften-Kürzel (Siglen) gibt es fachintern akzeptierte Siglen-Konventionen. Vgl. S. 146–149).

Sokal, Alan u. Jean Bricmont: Postmoderne in Wissenschaft und Politik. In: Merkur 52 (1998). S. 929–949.

Heftnummern innerhalb eines Zeitschriften-Jahrgangs werden nur angeführt, wenn die Paginierung nicht (wie üblich) durchläuft, sondern in jedem Heft neu einsetzt. Dann folgt die Heftnummer auf die Jahreszahl.

Beispiel:

Scheuer, Helmut: Der Beginn der ‚Moderne'. In: Der Deutschunterricht 40 (1988) H. 2. S. 3–10.

Bei Artikeln in Tages- und Wochenzeitungen wird (wegen der jeweils neu einsetzenden Paginierung) das Tagesdatum eingesetzt.

Beispiel:

Der Kulturkrieger. Der Literaturwissenschaftler Harold Bloom über Shakespeare, Thomas Mann und die Krise der abendländischen Bildung. In: Süddeutsche Zeitung (5./6. 8. 2000). S. 16.

5.3 Titelangaben bei Sammelwerken (Herausgeberschriften)

Hat ein Buch statt eines Verfassers einen Herausgeber, wird dieser *nach* dem Titel aufgeführt.

Schema:

Titel. Nebentitel. Hrsg. von Vorname Name. Auflage. Ort: Verlag Jahr (= Reihentitel).

Beispiele:

Kanon Macht Kultur. Theoretische, historische und soziale Aspekte ästhetischer Kanonbildung. Hrsg. von Renate von Heydebrand. Stuttgart: Metzler 1998 (= Germanistische Symposien Berichtsbände 19).

Rückkehr des Autors. Zur Erneuerung eines umstrittenen Begriffs. Hrsg. von Fotis Jannidis, Gerhard Lauer, Matias Martínez und Simone Winko. Tübin-

gen: Niemeyer 1999 (= Studien und Texte zur Sozialgeschichte der Literatur 71).

Solche Titel werden in Bibliografien alphabetisch unter die Verfasserschriften eingereiht; dabei werden bestimmter und unbestimmter Artikel am Anfang (!) übersprungen. „Der junge Goethe" wäre also unter „J" zu finden. Beginnt der Sachtitel mit dem Autoren-Vornamen, wird nicht zu Name, Vorname umgestellt.

Beispiele:
Der junge Goethe. Neu bearb. Ausgabe in fünf Bänden. Hrsg. von Hanna Fischer-Lamberg. Bd. II: April 1770–September 1772. Berlin: de Gruyter 1999.

Arno Schmidt. Das Frühwerk. II. Romane: Interpretationen von ‚Brands Haide' bis ‚Gelehrtenrepublik'. Hrsg. von Michael Matthias Schardt. Aachen: Alano 1988.

Bibliografien und Bibliothekskataloge, die nach Maßgabe der (älteren) „Preußischen Instruktionen" ordnen, verfahren bei Herausgeberschriften anders. Sie stellen den Herausgeber wie einen Verfasser vor den Titel und kennzeichnen ihn durch „(Hg.)" oder „(Hrsg.)".

Schema:

Herausgebername, Vorname (Hrsg.): Titel. Nebentitel. Auflage. Ort: Verlag Jahr (= Reihentitel).

Beispiel:
Jannidis, Fotis, Gerhard Lauer u. a. (Hrsg.): Rückkehr des Autors. Zur Erneuerung eines umstrittenen Begriffs. Tübingen: Niemeyer 1999 (= Studien und Texte zur Sozialgeschichte der Literatur 71).

Findet man einen Sammelwerk-Titel nicht unter dem Sachtitel, lohnt sich also das Suchen unter dem Herausgebernamen.

Ist zusätzlich zum Verfasser ein Herausgeber genannt, werden die Regeln für Verfasser- und Herausgeberschriften kombiniert.

Schema:

Verfassername, Vorname: Titel. Nebentitel. Hrsg. von Vorname Name. Auflage. Ort: Verlag Jahr (= Reihentitel).

Beispiele:

Kortum, Karl Arnold: Die Jobsiade. Ein komisches Heldengedicht. Hrsg. von F[elix] Bobertag. Berlin: Spemann o. J. [ca. 1883] (= Deutsche National-Litteratur. Histor.-kritische Ausg. Bd. 140).

Loerke, Oskar: Was sich nicht ändert. Gedanken und Bemerkungen zu Literatur und Leben. Hrsg. von Reinhard Tghart. Stuttgart: Cotta 1996 (= Marbacher Schriften 44).

5.4 Titelangaben bei Aufsätzen in Herausgeberschriften

Schema:

Verfassername, Vorname: Titel. Nebentitel. In: Titel. Nebentitel. Hrsg. von Vorname Name. Auflage. Ort: Verlag Jahr (= Reihentitel). S. x–y.

Beispiele:

Hölter, Achim: Bibliomorphie und Anthropomorphie. Ein Doppelmotiv des literarischen Selbstbezugs. In: Allgemeine Literaturwissenschaft. Grundfragen einer besonderen Disziplin. Hrsg. von Rüdiger Zymner. Berlin: Erich Schmidt 1999 (= Allgemeine Literaturwissenschaft – Wuppertaler Schriften). S. 121–139.

Vogt, Jochen: Wer lang jammert, lebt lang. Sieben Randbemerkungen zur Begründung, Krise und Zukunft germanistischer Literaturwissenschaft. In: Konzepte und Perspektiven germanistischer Literaturwissenschaft. Hrsg. von Christa Grimm, Ilse Nagelschmidt u. Ludwig Stockinger. Leipzig: Leipziger Universitätsverlag 1999 (= Literatur und Kultur. Leipziger Texte). S. 99–116.

5.5 Zitieren von Kommentaren und Nachworten

Wenn Sie die oft hilfreichen Kommentare oder erläuternden Nachworte einer wissenschaftlichen Textausgabe zitieren, gehen Sie nach folgendem Muster vor:

> Verfassername, Vorname: Kommentar (bzw. Nachwort). In: Vorname Name des literarischen Autors: Titel. Hrsg. von Vorname Name des Herausgebers. Ort: Verlag Jahr. S. x–y.

Beispiel:
Eibl, Karl: Kommentar zur Elegie. In: Johann Wolfgang Goethe: Gedichte 1800–1832. Hrsg. von Karl Eibl. Frankfurt am Main: Deutscher Klassiker Verlag 1988. S. 1050–1057.

5.6 Zitieren von Lexikonartikeln

Ist der Autor eines Lexikonartikels bekannt, hat der Nachweis folgende Struktur:

> Verfassername, Vorname: Lemma. In: Lexikon-Name. Hrsg. von Vorname Name. Ort: Verlag Jahr. S. x–y.

Beispiel:
Sorg, Reto: Groteske. In: Reallexikon der deutschen Literaturwissenschaft. Hrsg. von Klaus Weimar u. a. Bd. 1. Berlin: de Gruyter 1997. S. 748–751.

Ist der Autor eines Artikels nicht bekannt, verfährt man nach folgendem Schema:

> [Art.] Lemma. In: Lexikon-Name. Hrsg. von Vorname Name. Ort: Verlag Jahr. S. x–y.

Beispiel:
[*Art.*] *Song. In: Metzler Lexikon Kultur der Gegenwart. Hrsg. von Ralf Schnell. Stuttgart/Weimar: Metzler 2000. S. 277.*

Wenn in einem Lexikon Spaltensatz gewählt wird, zitiert man nicht die Seiten, sondern die Spalten (Sp. x-y).

5.7 Zitieren von Dissertationen

Maschinenschriftliche Dissertationen werden wie andere Titel zitiert, mit dem Zusatz „Diss. masch.“ oder, bei Angabe der Fakultät, z.B. „Phil. Diss. masch." vor dem Ort. Als Publikationsort gilt in diesem Fall der Sitz der Universität, als Jahr das Jahr der Promotion. So wird gekennzeichnet, wo dies Exemplar deponiert ist.

Wird bei publizierten Dissertationen angegeben, dass es sich um eine Dissertation handelt, wird dies vor dem Erscheinungs-Ort vermerkt, samt Sitz der Universität; z. B.: *„Münstersche Diss. Münster: Aschendorff 1972."* Bei Dissertationen, die nicht im Buchhandel, sondern im so genannten Dissertationsdruck erschienen sind und von denen nur die so genannten Pflichtexemplare in den inländischen Universitätsbibliotheken stehen, erfolgen die Angaben wie bei maschinenschriftlichen Dissertationen.

5.8 Zitieren von fotomechanischen Nachdrucken

Fotomechanische Nachdrucke werden nur dann nach dem alten Titel zitiert, wenn diesem keine neue Titelei vorausgeht. Sie erhalten den Zusatz: *Fotomechanischer Nachdruck* [*Ort*]*:* [*Verlag*] [*Jahr*]. – Andere technische Bezeichnungen, z. B. *„reprografisch"*, *„Faksimiledruck"*, *„Reprint"* werden übernommen.

Beispiel:

Damirus [*Pseud.*]*: Der Longobardischen Königin Rosemundae, Wahrhaffte Lebens= und Liebes=Geschicht, Der galanten Welt zu erlaubter Gemüths=Ergötzung vorgetragen. Franckfurt u. Leipzig 1729. Reprogr. Nachdruck Frankfurt: Minerva 1971.*

Im Regelfall findet man aber ein neu gesetztes Titelblatt. Dann ist der neue Titel bibliografisch und für die Titelaufnahme relevant, der alte ist nur noch Dekoration bzw. Teil des Nachdrucks. Folglich wird der alte Titel nicht mehr in Gänze aufgeführt. Nur noch auf Ort und Jahr der alten Ausgabe sowie auf den Reprografie-Charakter wird hingewiesen, sofern das nicht im neuen Titel steht.

Beispiele:

Harsdörffer, Georg Philipp: Frauenzimmer Gesprächsspiele. Hrsg. von Irmgard Böttcher. VI. Teil. Tübingen: Niemeyer 1969 (= Reprogr. Nachdruck d. Ausgabe Nürnberg 1646).

Gottsched, Johann Christoph: Der Biedermann. Faksimiledruck der Original-Ausgabe Leipzig 1727–1729 mit einem Nachwort u. Erläuterungen hrsg. von Wolfgang Martens. Stuttgart: Metzler 1975.

5.9 Zitieren aus dem Internet

Hier kommt es auf die exakte Angabe der Adresse an. Es kann nach folgendem Schema verfahren werden:

Name, Vorname: Titel. URL (Abfragedatum).

Beispiel:
Katja Mellmann: Das Buch als Freund – der Freund als Zeugnis. www.goethezeitportal.de/fileadmin/PDF/db/wiss/goethe/mellmann_buch.pdf (24.9.09)

Das häufig kurze Leben der Dokumente im Internet und der schnelle Wechsel der Adressen machen eine dauerhafte Überprüfung der Angaben mitunter unmöglich. Wer aus dem Internet zitiert, muss wissen, dass eine nicht überprüfbare Angabe in einer Hausarbeit nichts oder doch nur wenig wert ist.

In der Uni lernte ich Dinge, die nur mit der Uni-Wirklichkeit zu tun hatten, weil kein Mensch auf die Idee kommt, in Bibliotheken zu gehen und Zeitschriften herauszusuchen, die nicht gut riechen, und in diesen Zeitschriften nach Aufsätzen zu suchen, die keinen anderen Sinn haben als den, daß die Leute in der Uni nach ihnen suchen und sie dann mehr oder weniger abschreiben und mit anderen Aufsätzen vergleichen, die über dasselbe Thema in anderen Zeitschriften stehen, die wiederum nur für die Uni gemacht werden, und je mehr solche Aufsätze man abschreibt und in seine eigenen Arbeiten hineinschreibt, um so dicker werden die eigenen Arbeiten, und um so länger wird die Liste am Schluß, an der man sehen kann, wie viele solche Aufsätze gefunden und abgeschrieben worden sind. In gewisser Weise allerdings hatte die Uni dann doch wieder mit der Wirklichkeit zu tun, weil ich herausfand, daß es die besten Noten für die längste Liste gibt und man folglich gar nicht die Aufsätze lesen, sondern nur abschreiben und in die Liste aufnehmen mußte, und am Schluß schaffte ich es, Listen zu komponieren, ohne vorher die einzelnen Aufsätze suchen zu müssen, weil die Listen in den Zeitschriften standen und man also nicht die Aufsätze abschreiben mußte, sondern am besten gleich nur die Listen hinter einen abgeschriebenen Aufsatz zu legen brauchte, und schon bekam man eine Zwei plus. Fast alle bekamen eine Zwei plus. Manche bekamen eine Eins und blieben dann an der Uni, weil dort Leute gebraucht wurden, die die Aufsätze für die Zeitschriften zu schreiben und die Listen der anderen zu prüfen und Zwei plus darunterzusetzen hatten. Natürlich fiel kein Mensch durch die Prüfung, weil es ein Kinderspiel ist, Listen abzuschreiben, aber sobald man das einmal verstanden hat, kommt der interessante Teil der Uni, gewissermaßen der Witz, denn alle, die gelernt haben, Listen abzuschreiben, wissen natürlich, daß es ein Kinderspiel ist, und trotzdem tun alle, als hätte es einen tieferen Sinn und wäre von größter Bedeutung, und diejenigen, die eine Eins bekommen, glauben am Ende selbst daran, weil sie ja an der Uni bleiben und für ihre Aufsätze und das Listenprüfen ziemlich viel Geld bekommen, und wer viel Geld bekommt, glaubt an den tieferen Sinn und die eigene Bedeutung.

Birgit Vanderbeke: Geld oder Leben. Frankfurt am Main 2003. S. 103 f.

6 Umgang mit Zitaten

Nicht nur mit Büchern und Buchtiteln, sondern auch mit Zitaten aus ihnen muss man sorgsam umgehen, um den Überblick zu behalten und auch anderen zu ermöglichen.

6.1 Kenntlichmachen von Zitaten

Zitate werden durch ‚deutsche' („…") oder durch ‚französische' Anführungsstriche (»…«) gekennzeichnet. Wenn es die Übersichtlichkeit nicht stört, kann alternativ auch Kursivschrift gewählt werden. Beim Arbeiten mit ‚deutschen' Anführungsstrichen werden zitatinterne Anführungsstriche (der Vorlage) auf einfache Anführungsstriche reduziert.

Zwischen einfache Anführungszeichen werden ansonsten (außerhalb von Zitaten) redensartliche Wendungen oder Fachtermini gesetzt, die man einerseits nicht als direktes Zitat kennzeichnen, andererseits aber vom eigenen Sprachgebrauch als vorbehaltliche trennen will.

Auslassungen im Zitat werden durch eckige Klammern [...] gekennzeichnet. Dasselbe gilt für eigene Zusätze. Insgesamt gilt: Wörtliche Zitate erfordern peinlich genaue, buchstabengetreue Wiedergabe. Das Herausnehmen aus dem Kontext und Einfügen in einen neuen darf den Sinn nicht entstellen.

Runde Klammern sind im Zitat nur als Teil des zitierten Textes zulässig; im eigenen Text des Verfassers kann man sie in gewohnter Weise benutzen.

Längere Zitate setzt man zur besseren Übersichtlichkeit vom laufenden Text ab, in einen eigenen, insgesamt eingerückten, engzeilig geschriebenen Absatzblock (vgl. S. 130). Solche Block-Zitate werden dann nicht durch Anführungsstriche begrenzt. Das hat den Vorteil, dass man interne Original-Anführungszeichen nicht auf einfache Anführungsstriche reduzieren muss, sondern alles buchstaben- und zeichengenau übernehmen kann.

Verszeilen und Strophen müssen als solche erkennbar sein. Mindestens muss der Zeilenwechsel durch eine Virgel (/) gekennzeichnet werden, im Original großgeschriebene Zeilenanfänge müssen erhalten bleiben; also z. B.: „Es schlug mein Herz, geschwind zu Pferde, / Es war getan fast eh' gedacht.“ – Strophentrennung wird hierbei behelfsweise durch Doppelvirgel gekennzeichnet (//). Auslassungen ganzer Zeilen werden so gekennzeichnet: / [...] /.

Besser behält man jedoch die grafische Anordnung (den Zeilenfall) bei und zitiert – eingerückt und mit einzeiligem Abstand – so, dass Auslassungen ganzer (auch mehrerer) Zeilen eine eigene Zeile einnehmen. Das gilt vor allem bei drei- und mehrzeiligen Vers-Zitaten. Die ästhetische Verstümmelung ist so geringer als beim platzsparenden Virgel-Zitat; zum Beispiel bei Günter Eichs „Nicht geführte Gespräche“:

> Wir bescheidenen Übersetzer,
> [...] Was sollen wir denen sagen,
> die einverstanden sind
> und die Urtexte lesen?
> (So las einer aus Eulenspiegels Büchern
> die Haferkörner)
> Vor soviel Zuversicht
> bleibt unsere Trauer windig
> [...]

6.2 Fremdsprachige Zitate

Fremdsprachige Zitate werden in einer Arbeit, die ansonsten durchgehend in deutscher Sprache geschrieben wird, original zitiert: Das gilt für literarische Texte ebenso wie für Forschungsliteratur. Ist anzunehmen, dass Leser der Arbeit dieser Sprache nicht oder nur leidlich mächtig sind, gibt man in einer Fußnote eine Übersetzung ins Deutsche. Bei den geläufigen Fremdsprachen erübrigt sich das in der Regel; ebenso bei Arbeiten in Fremdsprachen-Philologien, wenn es um Zitate in der jeweiligen Sprache geht (z. B. um spanische Texte in einer hispanistischen Arbeit).

Am besten schließt sich die Übersetzung in der Fußnote direkt an den Zitatnachweis an. Es kann notwendig oder angezeigt sein, die Übersetzung selbst zu formulieren. Dabei ist in der Regel weniger eine elegante ‚literarische' Übersetzung gefragt (z. B. unter Berücksichtigung von Metrum und Reim) als eine möglichst wort- und sinngetreue – selbst wenn es etwas holpert. In jedem Fall ist die Quelle der Übersetzung anzugeben; war man selbst tätig, setzt man das eigene Namenskürzel oder den ausgeschriebenen Namen nach.

Liegen wissenschaftliche Texte in deutscher Übersetzung vor, kann man diese schon im Haupttext benutzen. Ebenso kann man literarische Übersetzungen ohne Rückgriff auf die Originalsprache benutzen, wenn man weiß, dass diese Übersetzung für den behandelten literaturhistorischen Sachverhalt wichtig war – insbesondere wenn ein literarischer Autor schon eine Übersetzung benutzt hat. Da kann es sogar falsch sein, mit dem Original zu hantieren. So ist vielen deutschen Autoren des 19. Jahrhunderts Shakespeare in der Schlegel/Tieck'schen Übersetzung auf der Bühne oder als Lektüre begegnet.

6.3 Fußnoten

Das Fußnotenzeichen (Exponent, Hochzahl) gehört bei wörtlichem Zitat direkt hinter die abschließenden Anführungsstriche. Bei erläuternder Fußnote folgt das Fußnotenzeichen auf den Zusammenhang, zu dem in der Fußnote noch etwas ergänzt werden soll. Konkurrieren ein Fußnotenzeichen und ein Satzzeichen, wird das Fußnotenzeichen direkt hinter das Satzzeichen gesetzt.[3]

---

3 In dieser Frage ist die Fachwelt gespalten. Verfochten wird auch die strikt entgegengesetzte Position: Fußnotenzeichen stehen stets vor Satzzeichen. (Das wirkt aber unschön.) Und – wie immer in Glaubens-Fragen – es gibt einen Einigungsvorschlag, der eine dritte Variante ins Leben gerufen hat: am Satzende stets dahinter, innerhalb des Satzes jedoch davor (Kraut-und-Rüben-Vorschlag).

Als Fußnotenzeichen nimmt man Zahlen; keine hochgestellten Buchstaben, keine Sternchen oder Kreuzchen oder andere Merkzeichen.

Man zählt die Fußnoten kapitelweise oder insgesamt durch. Das gilt vor allem dann, wenn die Fußnoten hinten angehängt werden (vor dem Literaturverzeichnis). – Bei nur kapitelweisem Durchnummerieren gibt ein Kolumnentitel (d. h. eine durchlaufende Kopfzeile) über den Seiten des Fußnoten-Anhangs hinreichende Hilfe (z. B.: *Fußnoten zu S. 7–14 / Kap. 3*); der Leser gerät so beim Nachblättern nicht ständig in die falschen Fußnoten. Aber solch ein Umgang mit Fußnoten ist nur in umfangreicheren Arbeiten, als es Hausarbeiten sein sollten, sinnvoll. – Keinesfalls sollten die Fußnoten am Schluss des jeweiligen Kapitels stehen; das ist bei der Lektüre hinderlich.

Am besten stehen die Fußnoten direkt unter dem Text (im Unterschied zum anderthalbzeiligen Text dann einzeilig, durch einen Fußnotentrennstrich vom Haupttext getrennt); das erspart viel Blättern.

6.4 Fußnotentext

Die Form der Anmerkung ist abhängig von dem Zitiersystem, das man wählt. Und das ist eine Sache der persönlichen Entscheidung. Wichtig ist, dass eine einmal getroffene Wahl konsequent befolgt wird. Weite Verbreitung hat folgendes System gefunden:

Bei der ersten Erwähnung eines zitierten Textes erfolgt in einer Anmerkung ein vollständiger Beleg (Verfassername, Vorname: Titel. Nebentitel. Auflage. Ort: Verlag Jahr. Seitenzahl.).
Beispiel:

> Strube, Werner: Analytische Philosophie der Literaturwissenschaft. Untersuchungen zur literaturwissenschaftlichen Definition, Klassifikation, Interpretation und Textbewertung. Paderborn: Schöningh 1993. S. 29–39.

Bei weiterer Erwähnung in der unmittelbar darauf folgenden Anmerkung genügt die Angabe „Ebd." und gegebenenfalls die Seitenzahl. Bei weiterer Erwähnung in nicht-unmittelbarer Umgebung gibt man einen Kurztitel an (Verfassername, abgekürzter Vorname: Kurztitel. Seitenzahl). Beispiel:

Strube, W.: Analytische Philosophie. S. 113–130.

Eine andere Zitierweise gibt in der Anmerkung nur den Verfassernamen, das Erscheinungsjahr und die Seitenzahl an. Beispiel:

Strube 1993: 113–130.

Sind von dem Verfasser in einem Jahr mehrere Texte erschienen, werden diese durch a, b, c (Zufall 1999a; Zufall 1999b; Zufall 1999c) gekennzeichnet. Die Auflösung im Literaturverzeichnis muss diesem System angepasst werden. – Ein Fußnotentext, der mit der Angabe „Vgl." beginnt, bezieht sich nicht auf eine zitierte, sondern auf eine gebrauchte (= indirekt zitierte) Quelle.

Bei Dramen, Romanen u. Ä. sollten in Einzelnachweisen außer der Seite auch Akt und Szene oder Kapitel angegeben werden. Das erleichtert dem Leser das Wiederfinden in einer anderen Textausgabe. Für öfter zitierte Texte können Siglen benutzt werden, die bei der ersten Nennung durch eine Fußnote erklärt werden (es sei denn, dass es sich um allgemein bekannte Siglen wie HA für die Hamburger Ausgabe der Werke Goethes handelt). Bei einer größeren Zahl von Siglen empfiehlt sich ein Siglenverzeichnis im Fußnotenbereich vor der ersten Fußnote oder vor dem Quellen- und Literaturverzeichnis.

Bei Dramen in Versen oder auch bei langen Gedichten kann man entsprechend (Akt und) Verszahl angeben, vor allem, wenn die Quelle eine Verszählung vorgibt.

Das viele Lesen hat uns eine gelehrte Barbarei zugezogen.

Georg Christoph Lichtenberg (F 1085).

6.5 Unarten

Man zitiert möglichst niemals aus indirekten Quellen nach dem Muster „zitiert nach“. Das ist philologische Bequemlichkeit. Man sollte also z. B. niemals Quellenzitate aus der Sekundärliteratur entnehmen, sondern die Primärquelle selbst aufsuchen und den Beleg kontrollieren. Das gilt sowohl für literarische Zitate als auch für zitierte Forschungsliteratur.

Zu vermeiden ist die leider verbreitete Zitierweise „Kracauer, a. a. O. S. 43“. Dann muss man nämlich, um den Bezugstitel zu finden, mühsam Seite für Seite nach dem angegebenen Ort zurückblättern. Die Leserunfreundlichkeit solcher Angaben wächst mit dem Umfang eines Textes.

Peinlich, weil gestelzt klingen das altertümelnde „loc. cit.“, „ibid.“ und „item“ – Formeln, die ebenso unpräzise sind wie „a. a. O.“. Ihr Gebrauch ist eine überflüssige akademische Imponiergeste.

> Leute die sehr viel gelesen haben machen selten große Entdeckungen. Ich sage dieses nicht zur Entschuldigung der Faulheit, denn Erfinden setzt eine weitläuftige Selbstbetrachtung der Dinge voraus, man muß mehr sehen als sich sagen lassen. […].

Georg Christoph Lichtenberg (E 467).

7 Archivieren im Computer

7.1 Literaturverwaltung

Zu den notwendigen Verrichtungen im Vorfeld einer Hausarbeit gehören die Erfassung und die systematische Sammlung der einschlägigen Literatur. Die für das Thema wichtigen Aufsätze und Bücher werden durch Angabe des Verfassernamens und des Titels in einen geordneten Zusammenhang gebracht und gegebenenfalls mit einigen eigenen Anmerkungen versehen (Signaturen, Kurzkommentare etc.). Herkömmlicherweise geschieht dies mittels **Karteikarten** mit dem Format DIN A6.

Inzwischen gibt es auf dem Software-Markt allerhand **Literaturverwaltungsprogramme**, die die Aufgabe der Karteikarte übernehmen.[4] Der sorgfältige Einsatz eines solchen Programms bietet vor allem einen Vorteil. Es kann flexibler gebraucht werden als ein Karteikasten. Das macht sich besonders bei umfassenden und materialreichen Arbeiten bezahlt, bei denen die zu Rate gezogene Literatur nicht leicht überblickbar ist. Hinzu kommt, dass einmal fehlerfrei gespeicherte Literaturangaben bei der Erstellung der endgültigen Bibliografie einer Hausarbeit verwendet werden können. Die Fehlerquelle, die im Abschreiben von Karteikarten besteht, wird dabei vermieden. Und wer mit Laptop oder Notebook arbeitet, kann mit seinem elektronischen Karteikasten mobil sein.

Bei der Beurteilung eines Literaturverwaltungsprogramms sind mindestens zwei Kriterien zu berücksichtigen.

1. Das Flexibilitätskriterium. Ist es mit dem Programm möglich, die Literaturangaben unterschiedlichen bibliografischen Konventionen anzupassen?

---

4 Z.B. Zotero, Citavi oder EndNote.

2. Das Kompatibilitätskriterium. Ist das Literaturverwaltungsprogramm mit dem verwendeten Textverarbeitungsprogramm koordinierbar? Alles andere ergibt sich aus den Erläuterungen, die dem Programm in Form eines Handbuchs beigefügt sind.

Bei umfangreichen Literaturdaten ist eine **Verschlagwortung** der Angaben sinnvoll. Damit erreicht man einen Text auch dann, wenn Autorname und Titel nicht präsent sind. Verschlagwortung bedeutet: Ich gebe dem Titel A ein Schlagwort bei, das ebenfalls unter B (und C und D) auftritt. Ein Schlagwort ist ein Wort, das so nicht im Titel steht (das wäre ein Stichwort), aber in meist abstrakter Form zum Sachzusammenhang gehört. Ein Titel wie „Goethes Gedichttitel" kann beispielsweise von den Schlagwörtern Goethe-Zeit, Paratext und Lyrik begleitet werden.

Auf der Schreibtischplatte, die das unterirdische Leben bedeckte, häuften sich Aktenbündel und einzelne Blättchen mit Auszügen und Vermerken. Es war gefährlich, die Blättchen zu berühren oder auch nur anzusehen, da ihre Reihenfolge dann sofort nicht mehr stimmte; allein der Onkel hatte über die Zettel Gewalt. Die Akten stammten aus den Archiven, die sie seit Jahrhunderten für den Onkel bewahrten. Viele mittelalterliche Dekrete schienen an ihn gerichtet zu sein, mit solchem Anteil nahm er für oder gegen sie Partei. Während er über ihnen das Mittagessen versäumte, behandelte er andere, äußerlich genau so beschaffene Urkunden, als seien sie gar nicht vorhanden. Sie mußten auf einem Irrtum beruhen oder waren vielleicht für einen unbekannten Forscher bestimmt. Das Werk des Onkels, um dessentwillen die verwendbaren Akten einst abgefaßt worden waren, wurde mit Hilfe eines Leimtopfes geschrieben. Jede Seite setzte sich aus mehreren Teilen zusammen; sei es, daß ein fehlerhafter Satz sich eingeschlichen hatte, sei es, daß Ergänzungen sich als notwendig erwiesen. Einige Bogen erreichten eine ungewöhnliche Länge, wie Fahnen aus lauter Lappen geflickt. Der Onkel hatte vom zehnten Jahrhundert an zu kleben begonnen und wollte bis ins neunzehnte dringen. Da er im dreizehnten vor kurzem zwei Jahre liegen geblieben war, ließ sich nicht voraussagen, ob er je an sein Ziel gelangen werde.

Siegfried Kracauer: Ginster [1928]. Frankfurt am Main 1963. S. 47 f.

7.2 Verwaltung von Zitaten und Exzerpten

Die intellektuelle Durchdringung der Forschungsliteratur und die Abfassung einer Hausarbeit fallen normalerweise zeitlich auseinander. Das macht die Erstellung von Exzerpten und Zitatsammlungen bei und nach der Lektüre der Forschungsliteratur sinnvoll. Im Rahmen einer kleinen Hausarbeit können Zitate und Exzerpte in eigens dafür vorgesehenen Dateien gespeichert werden. Dafür reichen in der Regel die Mittel, die das jeweilige Textverarbeitungsprogramm bereitstellt. Erst im Rahmen größerer Arbeiten ist zu erwägen, ob man mit **Datenbankprogrammen** arbeitet, die auf dem Software-Markt angeboten werden. Allerdings sollte man sich schon aus Gründen des seelischen Gleichgewichts nicht erst kurz vor dem Studienabschluss mit einem solchen Programm vertraut machen.

7.3 Exzerpier-Regeln

Exzerpte werden über einen längeren Zeitraum hin verwendet. Darum gelten folgende Regeln:

a) **Verständlichkeit:**
- Sätze werden stets vollständig zitiert.
- Soweit im Exzerpt auf wörtliches Zitieren verzichtet werden kann, resümiert man Aussagen thesenartig und exzerpiert nur die wichtigsten Sätze wörtlich, so dass der Kontext präsent bleibt.
- Kommentare halten den Gebrauchswert des Zitats fest.

b) Genauigkeit:

- Wörtliches Zitat, Resümee und Kommentar sind klar zu unterscheiden (mit Hilfe von Anführungsstrichen, Auslassungszeichen u. Ä.).
- Hervorhebungen in der Vorlage (Gesperrtes, Wechsel der Schrifttype, zwischen Anführungsstriche Gesetztes) müssen kenntlich bleiben.

[Über das Exzerpieren]

Dieses wird der Jugend in Schulen, als ein unvergleichliches Mittel zur Gelehrsamkeit recommendirt. Daher verfallen manche in eine rechte Excerpir-Sucht. Was ihnen nur zu Gesichte kommt, das schreiben sie ab: sie schreiben ihre eigenen Bücher oft mehr, als einmal aus: denn einige tragen es erst in miscellanea, hernach aus diesen in collectanea. Kommen sie zu einem guten Freunde, so stenkern sie ihm gleich die Bücher durch; kaum haben sie eins aufgeschlagen, so greiffen sie schon nach der Schreibtafel, oder nach weissen Pappier, das sie wol zu dem Ende immer bey sich führen: und alsdenn gehet es an ein schreiben. Man kann kein Buch vor ihnen behalten, das sie nicht gleich abschreiben, so bald sie es nur gewahr werden. Sonderlich Iournale und Zeitungen müssen gleich brühwarm excerpiret werden. Sie schreiben eine Sache wol etlichemal; aus einem Zettel oder der Schreibtafel in ein Buch; aus einem Buche ins andere; unter verschiedene Titel u.s.f. Ihr ganzes Studium bestehet in schreiben, colligiren, excerpiren, annotiren. Dieses gehet allen andern Geschäfften vor: essen, trincken und schlaffen können sie darüber versäumen. Ihre eingetragenen Realien schmecken ihnen wie Marcipan: und ihr Geschmack ist so verdorben, daß sie sich einbilden, sie sättigten das Gemüth mit den grösten Delicatessen. Sie vermeinen, sie sammleten sich einen unvergleichlichen Schatz, und sie würden recht reich an Gelehrsamkeit werden. Daher sie auch wol andern ihre Schatz-Cammern als ein Heiligthum zeigen. Wollen sie sich recht was zu gute thun; so lesen sie in ihren collectaneis. Diese sind ihre Assemblee, ihr Spatzir-Gang, ihr Thee und Coffee, ihr

> gröstes Labsal und Vergnügen. Wird ihnen bey Gelegenheit eine Rede zu halten aufgetragen; so sind sie kühn und verwegen, wenn sie was in ihrem collectaneis finden; sie thun, als wenn sie die Reden aus dem Ermel schütteln, und ohne Mühe entwerfen könnten: denn sie verlassen sich auf ihre excerpta, die sie nur durch gewöhnliche Förmelgen an einander setzen. Sind aber die Titel im Collectaneo leer; so entschuldigen sie sich: sie müssen verreisen; sie haben den Husten und Schnuppen, und können also, so gerne sie auch wollten, diesesmal nicht dienen. Und ob sie gleich mercken, daß sie bey dem colligiren nichts in Kopf kriegen, daß sie die Augen verderben, daß sie das malum hypochondriacum sich zuziehen, daß sie ihre ganze Gesundheit dabey zusetzen; so können sie sich doch von solcher Begierde nicht los machen. Dadurch geschicht es oft, daß sie ihre mit grosser Mühe gemachte excerpta nicht brauchen können; und zwar entweder, weil sie sich vor der Zeit zu Tode excerpiren, oder weil sie wegen ihres kräncklichen Leibes ganz unbrauchbar sind. Ich schreibe dieses aus Erfahrung […]

Friedrich Andreas Hallbauer: Anweisung zur Verbesserten Teutschen Oratorie […]. Jena 1725. S. 289 f.

- Zu jedem Exzerptabschnitt wird die Seitenzahl der Vorlage angegeben. Geht ein Zitat über zwei oder mehrere Seiten, markiert man die Stelle(n) des Seitenwechsels genau im Exzerpt (etwa durch Einschub: [S. …] oder durch senkrechten Trennungsstrich mit Randvermerk der neuen Seitenzahl).
- Besitzt man das betreffende Buch oder ist es leicht zugänglich, so genügt es, die Seite anzugeben und knappe Stichwörter zum Inhalt festzuhalten.

c) Sicherheit:

- Von den Dateien werden regelmäßig Sicherheitskopien erstellt. Aber das ist ohnehin eine Binsenweisheit im Umgang mit dem Computer.

8 Umgang mit Quellen

Bei genauer Kenntnisnahme zu diskutierender literarischer Texte – also der Quellen – ist es notwendig, sich vorab der philologischen Beschaffenheit und Brauchbarkeit der herangezogenen oder heranzuziehenden Textausgabe(n) zu vergewissern.

Angaben über die Textgrundlage finden sich in der Regel entweder hinter dem Titelblatt (als knapper Hinweis, z. B.: „Als Druckvorlage diente die im Artemis Verlag erschienene Gedenkausgabe ...") oder am Ende eines Buchs; aufwendiger gestaltete Ausgaben enthalten eine ‚editorische Notiz', die am Ende des Buchs oder zwischen Textteil und Anhang zu finden ist.

Nur mit spitzen Fingern anzufassen ist jede Ausgabe, die keinerlei Angabe über Herkunft, Vollständigkeit, eventuelle Modernisierung des dargebotenen Textes macht. Das gilt insbesondere bei älteren, ‚kanonisierten' Autoren; bei Gegenwartsautoren und philologisch wenig aufgearbeiteten Autoren kann es sich dennoch um einen ‚authentischen' Text handeln, vor allem wenn er zu Lebzeiten des Verfassers erschienen ist.

Folgende Fragen sollte man sich stellen:

Existiert eine

- historisch-kritische Ausgabe?
- kritische Ausgabe?
- zitierfähige Leseausgabe, die ich als Arbeitsexemplar vollkritzeln kann?

Gibt es Textvarianten?

Was kann ich sonst über die Entstehungsgeschichte des Textes feststellen?

Über existente Ausgaben zu literarischen Autoren informieren:

Opera omnia (vgl. S. 117)
Handbuch der Editionen (vgl. S. 116)
Bibliographie der Editionen (vgl. S. 115)

Auch die größeren Autorenlexika (z. B. Kindlers Neues Literatur Lexikon, [Killys] Literatur Lexikon) nennen jeweils die wesentlichen Gesamt-Ausgaben.

Im besten Fall existiert der Text in einer historisch-kritischen Ausgabe. „Historisch-kritisch" bedeutet, dass außer einem Leittext alle bekannten Textvarianten (von der Handschrift bis zur Ausgabe letzter Hand) im so genannten Kritischen Apparat detailgenau dokumentiert sind – in ihrer zeitlichen Ordnung und in ihrer Abhängigkeit untereinander. „Kritisch" meint dabei den Anspruch, dass der Text (und gegebenenfalls der Apparat) äußerst genau mit der Vorlage verglichen und Abweichungen in Grafie und Interpunktion ausgeschlossen sind.

Kritische Ausgaben verzichten auf die Textvarianten; sie präsentieren nur einen Text und geben an, welcher Ausgabe sie folgen. Eine kritische Ausgabe beansprucht absolute Verlässlichkeit in der Übereinstimmung mit der Vorlage. Nähere Informationen gibt z. B.:

> *Plachta, Bodo: Editionswissenschaft. Eine Einführung in Methode und Praxis der Edition neuerer Texte. 2., erg. und aktual. Auflage. Stuttgart: Reclam 2006.*

Historisch-kritische Ausgaben und kritische Ausgaben haben für den studierenden Nutzer im Alltag den großen Nachteil, dass sie in der Regel sehr teuer sind und somit nur in der Bibliothek zur Verfügung stehen; deshalb lohnt es sich bei bekannteren Autoren, zu suchen, ob sich nicht eine Taschenbuchausgabe findet, die einer kritischen oder historisch-kritischen Ausgabe folgt und somit ‚zitierfähig' ist.

Hallers Lehrgedicht
vom Ursprung des Uebels.

Des Uebels Ursprung las ich jüngst in Hallers Werken
Und nahm mir vor mit einem Strich
Die besten Stellen zu bemerken.
Ich las, strich an, las fort, strich an und freute mich,
Und da ich fertig war, sieh, da war alles Strich.

C. F. Gellerts Sämmtliche Schriften. 2. Theil. Leipzig 1853. S. 420.

Es empfiehlt sich, längere literarische Texte wie auch die Forschungsliteratur **mit dem Bleistift zu lesen**. Freilich sollte man das nur in eigenen Büchern praktizieren. ‚Mit dem Bleistift lesen' meint nicht nur das Unterstreichen, das Anstreichen und das Stichwort am Rand. Insbesondere bei längeren Texten (Romane, Dramen) ist es sinnvoll, gleich beim ersten Lesen jeweils auf dem oberen Seitenrand ein (getrost ‚ins Unreine' formuliertes) Stichwort zum Geschehensverlauf u. Ä. zu setzen. Das erleichtert kolossal das spätere Wiederfinden schwach erinnerter Stellen, die erst im Nachhinein als wichtig erkannt worden sind. Gibt es kürzere Kapitel (bzw. Szeneneinteilungen), kann man ersatzweise diese für den Hausgebrauch ‚betiteln'. Auf jeden Fall sollte man dies direkt aus dem frischen Leseeindruck heraus tun, um wenigstens ungefähr die Erstlese-Reaktion zu dokumentieren – immerhin ist das die Rezeptionsform, auf die der Text zunächst angelegt ist. Das bewahrt vor unscharfen interpretatorischen Spekulationen, auch wenn sich ein Text erst bei genauerem Hinsehen offenbart. Aus diesen Notierungen lässt sich dann auch relativ umstandslos eine Übersicht über den gesamten Handlungsverlauf zusammenstellen.

Eher unpraktisch ist das Arbeiten mit farbigen Markierstiften. Zwar überblickt man die markierten Stellen besser. Aber diese Markierungen sind unwiderruflich, bei dünnem Papier schlagen sie leicht durch und markierte Stellen sind nicht mehr sauber zu kopieren: sie geraten auf der Kopie zu dunkel (am kopierfreundlichsten ist noch die Markierfarbe Gelb).

Kleine Bitte

Wenn einer und er entleiht ein Buch von einer Bibliothek, sagen wir den Marx: Was will er dann lesen? Dann will er den Marx lesen. Wen aber will er mitnichten lesen? Den Herrn Posauke will er mitnichten lesen. Was aber hat der Herr Posauke getan? Der Herr Posauke hat das Buch vollgemalt. Pfui!
Ob man seine eigenen Bücher vollschreiben soll, ist eine andere Frage. (vgl. hierzu: ‚Über das Vollschreiben von Büchern, Buchrändern sowie buchähnlichen Gegenständen'; Inaugural-Dissertation von Dr. Peter Panter; der Universität Saarow-Pieskow vorgelegt, meinen lieben Eltern gewidmet.) Mit den eigenen Büchern also beginne man, was man mag. Aber wie verfährt man mit fremden?
Die Preußische Staatsbibliothek, der man die Kosten für eine mittlere Infanterie-Division bewilligen sollte, auf daß sie eine moderne Bibliothek werde, sollte sich auf das schärfste gegen jene schützen, die die Unart haben, entliehene Bücher vollzugeifern, man kann das nicht anders nennen.
– „Oho!" – „Ganz falsch, siehe Volkmar Seite 564." – „Blödian!" – „Bravo!" – „Nein, diese Theorie ist eben nicht von N. abgelehnt worden!" – „Dumme Frechheit!" ... was soll denn das alles – ?
Erstens einmal ist es feige, den Autor anzukrähen: er ist ja nicht dabei und kann sich nicht wehren. Zweitens stört es den nächsten Leser außerordentlich bei der Lektüre: man mag nicht oben auf einer linken Seite zu lesen beginnen, wenn unten rechts etwas angestrichen ist, was man nicht kennt; das Auge wird unruhig, schweift ab ... ja, wenn wir das selber unterstrichen hätten, dann kennen wir auch das Buch, und das ist etwas ganz anderes. Ein Bibliotheksbuch aber gehört allen, und alle sollten es sauber und anständig behandeln.
Stadtbibliotheken und Fachbibliotheken leiden unter dieser Unsitte – wir alle leiden darunter, die wir uns viele Bücher nicht kaufen können. Es ist wie: Stullenpapier im Grunewald liegen lassen.

> Kleine Bitte an Bibliotheksbenutzer:
> Laßt Marginalien von anderen Leuten schreiben – tut es nicht! Malt nicht die Bücher voll, es ist nicht schön. Zeichnet eure Bemerkungen auf; schreibt nicht so viel in die Bücher hinein, schreibt lieber mehr aus ihnen heraus! Beschimpft den Autor nicht am Rande. Schreibt ihm einen Brief.
> Herrn
> Geheimbderath Goethe
> Weimar.
> Eine nähere Adresse ist nicht nötig; der Brief kommt schon an.
> Frick paßt auf.
> Und malt die Bücher nicht voll. Nein? Tuts nicht mehr!

Kurt Tucholsky: Kleine Bitte (1931). In: ders.: Gesammelte Werke. Bd. 9. Reinbek bei Hamburg 1985. S. 145 f.

In jedem Fall sollte man mit dem Unterstreichen bzw. Markieren sparsam sein, nur wenige Kernbegriffe oder Halbsätze hervorheben. Die Vorlage wird beim Nachblättern sonst zu unübersichtlich. Daneben sollte man nicht auf ein erklärendes Stichwort verzichten; sonst muss nämlich jede Markierung/Unterstreichung erst wieder im Kontext gelesen werden, auch wenn es nur um bestimmte Details geht. Größere Passagen werden am Rand angestrichen und mit einem Schlagwort versehen.

Die neuen Speichermedien bringen eine Reihe von Klassiker-Editionen und viele im Unterricht gelesene Autoren auf CD-ROM oder in digitaler Form im Internet (vgl. S. 87 f.). In bestimmten Problemzusammenhängen, etwa bei lexikalischen Analysen, können solche Textcorpora eine gute Arbeitsgrundlage sein. Sie ersetzen in der Regel aber nicht den Text in Buchform.

9 Recherchieren der Literatur

Zu den wichtigsten Künsten eines Literaturwissenschaftlers zählt die Fähigkeit, rasch, sicher und vollständig die prinzipiell existierende und konkret erreichbare Forschungsliteratur zu einem Problem oder Thema zu finden, daraus die tatsächlich für die eigene Fragestellung relevanten Titel und Argumente gezielt auszuwählen und die eigene Problembewältigung dazu ins Verhältnis zu setzen. Das umschließt auch die Fähigkeit, Literatur zu recherchieren, deren Bezug zum Thema oder Problem nicht von vornherein auf der Hand liegt. Diese Fähigkeiten wachsen mit der Erfahrung – nicht nur in der Wissenschaft, sondern auch in den Arbeitstechniken. Wer sich in diesen Punkten vom ersten Semester an übt, wird nicht erst kurz vor dem Studienabschluss Meister.

9.1 Leihvorgänge, Fernleihen: Zeitliches

Der Blick auf die Problemstellung und damit auf die zu berücksichtigende Literatur weitet sich mit der Arbeit am Thema und der Kenntnisnahme der Literatur.

Man sollte deshalb sehr früh damit beginnen, sich der Verfügbarkeit der Sekundärliteratur zu vergewissern und sie für den Zeitraum der konkreten Arbeit an der Hausarbeit bereitzustellen – das zieht sich doch stets länger hin als geplant. Normalerweise ist just der zentrale Titel, ohne den man nicht weiterkommt, verschollen, nicht vorhanden oder frisch ausgeliehen; erst wenn man ihn in Händen hält, merkt man, dass er doch nicht weiterhilft.

Ebenso frühzeitig sollte man sich aber durch ein in aller Vorläufigkeit schriftlich festgehaltenes Arbeitskonzept ein eigenes ‚Suchbild' verschaffen. Sonst findet man entweder gar nichts oder man ertrinkt in der Flut des Wissenswerten und verliert die eigene Fragestellung. Dieses Suchbild sollte unbedingt in einen Thesen- und

Fragenkatalog münden – er muss nicht so formuliert sein, dass man ihn vorzeigen kann, aber so, dass die aktuellen eigenen Perspektiven auf das Thema und die Probleme damit möglichst unverstellt festgehalten werden und auf diese Weise verfügbar sind, wenn sich das durch die Lektüre der Forschungsliteratur geprägte Bild dazwischenschiebt. Beides sollte dann miteinander vermittelt werden.

Gleich nach Übernahme eines Themas sollte man mit dem Bibliografieren und Bereitstellen der Sekundärliteratur beginnen – es gibt oft unvorhergesehene Wartezeiten wegen Vormerkungen, Diebstahl, verzögerter Beschaffung neuerer Titel durch galoppierende Schwindsucht der Bibliotheks-Etats, Notwendigkeit der Fernleihe und anderer Tücken.

Fernleihen von Büchern oder Zeitschriftenaufsätzen kann man konventionell erledigen: durch Ausfüllen und persönliche Abgabe eines Fernleihbestellscheins und Begleichung der anfallenden Fernleihgebühren. Die Dauer der Beschaffung beträgt zwei bis sechs Wochen.

Kürzere Beschaffungszeiten können mit der Online-Fernleihbestellung erreicht werden, für die Sie einen gültigen Benutzerausweis für Ihre Universitätsbibliothek und ein Plus auf Ihrem Nutzerkonto, von dem die anfallenden Gebühren abgebucht werden, brauchen.

Staatsbibliothek

Kemma
Rumrenna
Si ned auskenna
Wo stähd des nua
Koa Signatua
Glei hob i

Gnua
Lesesaal drom
Biacha vazong

> Aufsicht frong
> Guad hihean
> Bläd o'gredt wean
> Nix vasteh
> Geh

Fritz Fenzl: Da Zoaga ruckt auf Zwäife. Bairische Gedichte. München 1977.

Von der Fernleihe ausgeschlossen sind Bücher und Zeitschriften, die in der eigenen Bibliothek vorhanden sind, im Buchhandel lieferbare Bücher der unteren Preisklasse, Hobby- und Ratgeberliteratur, Nachschlagewerke und Loseblattsammlungen, Bachelor-, Master-, Staatsexamens-, Diplom- und Magisterarbeiten sowie erst kürzlich erschienene Werke.

Also insgesamt: Die bibliografische Suche beginnt nicht erst, wenn man die Hausarbeit schreiben will, sondern mit mindestens vierzehn Tagen Vorlauf. Sie setzt eine erste Orientierung in Nachschlagewerken und in der schnell erreichbaren (oder vom Lehrenden genannten) Literatur zu dem Thema voraus.

9.2 Systematische Recherche

Man sollte nichts dem Zufall überlassen – dem des gerade am Standort zu findenden Materials zum Beispiel: Es gibt systematische Möglichkeiten des Erschließens von Literatur, die in den literaturwissenschaftlichen Einführungskursen vermittelt werden.

Folgende Typen der Recherche fallen bei Themen aus dem Bereich der Literaturwissenschaft üblicherweise an:

- Suche nach bekannten Titeln;
- Suche nach Literatur über einen literarischen Autor und über eines oder mehrere seiner Werke;
- Suche nach Literatur zu ausgewählten literaturwissenschaftlichen Themen;
- Suche nach Literatur aus anderen Diziplinen.

Zu all diesen Such-Typen sind unten S. 90–121 bibliografische Hilfsmittel, Handbücher, Lexika u. Ä. zusammengestellt. Im Folgenden werden einige dort mit vollem Titel verzeichnete zentrale Hilfsmittel in Kurzform herausgegriffen und in ihrem Gebrauchswert beleuchtet. Das entbindet nicht der Mühe, umfassendere Einführungen in die Bücherkunde zu studieren – sowie die Hilfsmittel selbst. Über die bibliografischen Zugangsmöglichkeiten informieren umfassend:

Zelle: Kurze Bücherkunde für Literaturwissenschaftler (*vgl. S. 92*)
Blinn: Informationshandbuch Deutsche Literaturwissenschaft (*vgl. S. 91 f.*)

Material und Zugriff dieser beiden Bände ergänzen sich. Beide sind aus der praktischen Arbeit im akademischen Unterricht hervorgegangen. Zelles Buch verfolgt fächerübergreifende Ziele und macht ein komparatistisch orientiertes Informationsangebot. Blinn vertritt stärker germanistische Interessen. Sein Buch gibt umfassende Informationen über Fachlexika, Personalbibliografien, epochenbezogene und thematische Bibliografien, Literaturgeschichten, Sammelgebiete einzelner Bibliotheken und Archive, literarische Gesellschaften. Daneben sind nützlich:

Raabe: Einführung in die Bücherkunde (*vgl. S. 92*)
Landwehr/Mitzschke/Paulus: Praxis der Informationsermittlung (*vgl. S. 91*)
Paschek: Praxis der Literaturinformation Germanistik (*vgl. S. 91*)

Die systematische Suche beginnt generell über Bibliografien. Soweit es keine Spezialbibliografien gibt, z. B. zu einzelnen Autoren (Personalbibliografien), geht der Weg über den Köttelwesch (vgl. S. 114 f.). Die *Bibliographie der deutschen Sprach- und Literaturwissenschaft* erfasst die Neuerscheinungen periodisch in Jahresbänden (seit 2004 auch als Online-Angebot). Daneben empfiehlt sich die Konsultation der *Germanistik* (vgl. S. 116). Das *Internationale Referatenorgan mit bibliographischen Hinweisen* wird seit 1960 geführt, erscheint halbjährlich und wird jahrgangsweise gebunden. Es enthält neben bibliografischen Angaben auch Kurzrezensionen (neuerdings auch als CD-ROM). Für andere Philologien ist vor allem die MLA-Bibliografie (vgl. S. 117) zu Rate zu ziehen. Den jeweils aktuellsten Stand kann man mit Hilfe der online erreichbaren Nationalbibliografien ermitteln (vgl. S. 84–86).

Daneben gibt es eine Reihe von Periodika, die sich auf einen Autor (und sein Umfeld) konzentrieren (z. B. *Lessing Yearbook, Lichtenberg-Jahrbuch, Jahrbuch der deutschen Schiller-Gesellschaft, Goethe-Jahrbuch*) und in regelmäßiger Folge einschlägige Bibliografien sowie Rezensionen bieten. Ähnliches gilt für methodisch besonders ausgerichtete Zeitschriften (z. B. *Kultur Poetik, LiLi, Poetica*). Das Stöbern in Zeitschriften lohnt sich vor allem deshalb, weil man durch ihre Lektüre laufend Einblick in den Stand der wissenschaftlichen Diskussion hat.

Zu einzelnen Autoren, Gattungen u. Ä. gibt es insbesondere in der Taschenbuch-Reihe *Sammlung Metzler* und in der literaturgeschichtlichen Reihe des Reclam-Verlags Grundlegendes oder Überblickshaftes. Sie haben den Vorzug, zu vielen Teilaspekten eines Themas auch die Textausgaben und die Sekundärliteratur aufzuführen.

> Bildung ist das, was die meisten empfangen, viele weitergeben und wenige haben.

Karl Kraus: Aphorismen. Frankfurt am Main 1986. S. 227.

Bei allen Bibliografien ist der angegebene **Berichtszeitraum** zu beachten: Er endet meistens einige Zeit vor dem Erscheinungsdatum, Angaben dazu finden sich regelmäßig im Vorspann.

Innerhalb der Literaturwissenschaft gibt es das Sonderproblem, dass **Interpretationen** zu einzelnen Texten, z. B. zu Gedichten, oft nur umständlich zu erfassen sind. Natürlich geht hier die Suche über den Verfasser; daneben bieten aber folgende drei Titel einen wenn auch nicht vollständigen Zugriff:

Schmidt: Quellenlexikon der Interpretationen und Textanalysen (vgl. S. 117)
Schlepper: Was ist wo interpretiert? (vgl. S. 117)
Segebrecht: Fundbuch der Gedichtinterpretationen (vgl. S. 115)

Biografische Nachschlagewerke wie die ADB (*Allgemeine Deutsche Biographie*), die NDB (*Neue Deutsche Biographie*) gibt es auch in einem praktischen Zusammendruck in Microfiche-Form; auf der

Basis von 265 biografischen Nachschlagewerken sind jeweils alle Artikel zu einer Person zusammengestellt:

Deutsches Biographisches Archiv (*vgl. S. 111*)

Für die Suche nach Themen, Motiven, Stoffen gibt es ebenfalls Fachlexika (vgl. S. 106–108).

Sachwörterbücher zu literaturwissenschaftlichen Fachbegriffen werden ständig im literaturwissenschaftlichen Alltag schon deshalb konsultiert, weil die innere und äußere Vielfalt der Literatur ohne eine adäquate und klare Begrifflichkeit gar nicht erkannt werden kann. Es konkurrieren u. a. folgende Nachschlagewerke: *Wilpert: Sachwörterbuch der Literatur; Metzler Lexikon Literatur; Meyers kleines Lexikon.* Das *Fischer Lexikon Literatur* erläutert anregend eine ganze Reihe von literaturwissenschaftlichen Termini in Aufsatzform. Besonders zu empfehlen ist das *Reallexikon der deutschen Literaturwissenschaft.* Das Artikelschema in diesem Lexikon unterscheidet zwischen Begriffsexplikation, Wortgeschichte, Begriffsgeschichte, Sachgeschichte und Forschungsgeschichte; außerdem werden wichtige Literaturangaben zum jeweiligen Gegenstand gemacht (vgl. S. 109 f.). Die Einträge im Reallexikon schließen an gegebene literaturwissenschaftliche Wortverwendungen an und machen mit Gründen Vorschläge für einen künftigen Gebrauch von Fachtermini.

Nützlich ist auch das *Historische Wörterbuch der Rhetorik* (vgl. S. 108). Es ist stofflich reicher als das Reallexikon; die einzelnen Artikel geben umfassende Informationen zum rhetorischen Begriffsinventar.

Allerdings sollte die Existenz von Sachwörterbüchern und Lexika nicht vom eigenen Denken abhalten. Wer in seiner Arbeit einen Terminus problematisiert, sollte Problembewusstsein nicht dadurch ausdrücken, dass er solche Wörterbücher zitiert, sondern dadurch, dass er die Probleme diskutiert.

Auch **allgemeine Lexika** bieten oft brauchbare Erstinformationen und weiterführende Literaturangaben. Hier sollte man aber nicht zu kleinen Taschenlexika greifen, sondern zu den großen Enzyklopädien (*Brockhaus, Meyer*), die sich in jeder wissenschaftlichen Bibliothek und auch in vielen Stadtbibliotheken (teils auch als CD-ROM oder als Online-Version) finden. Geht es um historische Begrifflichkeiten, können **ältere Lexika** befragt werden (vgl. S. 105 f.) – sie bieten oft erstaunliche Einsicht in den anderen historischen Erkenntnis- und Bewusstseinsstand der Zeit. Für das 18. Jahrhundert sind dies:

Zedlers Universal-Lexikon (Wissensstand des frühen bis mittleren 18. Jh.s), vgl. http://www.zedler-lexikon.de
Krünitz: Ökonomisch-technologische Enzyklopädie (Ende 18. Jh.), vgl. http://www.kruenitz.uni-trier.de

Für das 19. Jahrhundert:

Allgemeine Enzyklopädie der Wissenschaften und Künste, hrsg. von Ersch/Gruber, vgl. www.ersch-gruber.de
Brockhaus' Conversations-Lexikon/Allgemeine deutsche Real-Enzyklopädie
Meyers Großes Konversations-Lexikon, vgl. www.zeno.org/Meyers-1905
Pierers Universal-Conversations-Lexikon, vgl. www.zeno.org/Pierer-1857

Nachschlagewerke und Grundlagentitel aus **Nachbar-Disziplinen** können von großem Nutzen für die literaturwissenschaftliche Arbeit sein. Darum sind auf S. 106–111 einige große Fachlexika aufgeführt. Über bibliografische Zugänge zu verschiedenen Fachdisziplinen informiert die Reihe „Wie finde ich …“ (vgl. S. 90 f.).

9.3 Schnell-Recherche

Daneben und vorweg kann man für die vorläufige thematische Schnell-Recherche wichtiger Titel zu einem Thema oder einem Text auch anders vorgehen. Ein erster Blick könnte auf Bibliografien in Textausgaben fallen (z. B. in neueren Reclam-Ausgaben), auch in die Neuausgabe von Kindlers Literatur Lexikon und in die großen Literaturgeschichten. Dann kann man in den Bücherregalen der örtlichen Bibliothek nach jüngeren Publikationen zum Thema, zum Autor, zur Gattung, zum Text u. Ä. schauen und sich über die dort aufgeführte Sekundärliteratur zu anderer Sekundärliteratur durcharbeiten. Doch bleibt stets zu bedenken: Ein solches Recherchieren nach dem Schneeballsystem ist zufällig und ersetzt nicht das systematische Erschließen eines Feldes.

9.4 Bibliotheks-Recherche

Die Literaturrecherche kann auf konventionelle Weise in den herkömmlichen Zettel- oder Bandkatalogen der Universitätsbibliotheken vorgenommen werden. (Nach meinen Beobachtungen kommt das aber immer seltener vor.) Man wird von dieser Möglichkeit dann Gebrauch machen, wenn in der Bibliothek sämtliche PCs für die OPAC-Recherche wieder einmal besetzt sind oder wenn noch nicht alle Bestände der Bibliothek im OPAC nachgewiesen sind.

Gerade im ersten Semester ist es angebracht, an einer **Bibliotheksführung** teilzunehmen. Unter fachkundiger Anleitung wird dabei die Nutzung der Bibliothek erläutert.

9.4.1 OPAC-Recherche

Ein Weg der Literaturrecherche in der eigenen Universitätsbibliothek führt über den dort zugänglichen lokalen OPAC (= Online Public Access Catalogue). Mit seiner Hilfe können die Bestände der Universitätsbibliothek abgefragt und die gewünschte Literatur bestellt bzw. der Standort eines gesuchten Buches im Freihandmagazin, so es denn vorhanden ist, ermittelt werden.

Wenn man den Autor des Buchs, das man bestellen will, schon kennt, ist alles ganz einfach. Man muss eben nur die entsprechenden **Personennamen** in den OPAC eingeben, das unter diesem Namen gesuchte Buch ansteuern und dann die Bestellfunktion aktivieren.

Der OPAC bietet aber auch die Gelegenheit zur thematisch orientierten Anfrage. Über **Titelstichwörter** erreicht man den gesamten elektronisch erfassten Bestand einer Bibliothek. Allerdings lässt sich auf diese Weise nicht jedes Buch aus dem Suchbereich ermitteln. Wer z. B. Literatur über Theodor Fontane oder Heinrich Böll mit Titelstichwörtern sucht, wird nicht auf Günter de Bruyns Aufsatzsammlung stoßen, die den aufgeregt-melancholischen Titel „Jubelschreie, Trauergesänge“ trägt (und sich u. a. mit diesen Autoren befasst). Für solche Fälle ist die Suche über Schlagwörter zu empfehlen (in diesem Fall „Fontane“ oder „Böll“). Bei der Suche mit Hilfe eines Titelstichworts empfiehlt sich bisweilen der Gebrauch von **Wildcards.** Sie werden mittels **Trunkierung** gewonnen, d. h. durch Ersetzung der Wortendung durch ein Sonderzeichen (meist „?“, aber auch „#“ oder „>“ oder „*“). Wer den Suchbefehl „Widmung?“ eingibt, erhält Treffer u. a. mit den Stichwörtern Widmungen, Widmungsexemplare, Widmungstexte, Widmungsblatt, Widmungsbrief und Widmungsvorrede.

Schlagwörter müssen nicht unbedingt im Titel enthalten sein. Schlagwörter sind prägnante Begriffe und beziehen sich auf ein wesentliches Inhaltsmoment des gesuchten Textes. Normalerweise gibt man als Schlagwort Begriffe in ihrer Grundform und im Singular an.

9.4.2 Datenbanken

Vor einer Reihe von Jahren galt es als ein großer Fortschritt, dass die Literaturrecherche über das elektronische Offline-Medium der CD-ROM abgewickelt werden konnte. Mittlerweile ist sie durch die neuen Online-Dienste nochmals erleichtert worden. Inzwischen werden auch wichtige Bibliografien wie der *Köttelwesch* oder die MLA-Bibliografie online angeboten. Die Universitätsbibliotheken ermöglichen in der Regel den Zugang. Andere Datenbanken wie etwa das *Verzeichnis lieferbarer Bücher* gehen mit der Zeit und werden inzwischen auch im World Wide Web angeboten. Hier eine Auswahl der einschlägigen bibliografischen Datenbanken:

BDSL (Bibliografie der deutschen Sprach- und Literaturwissenschaft)
Eine der wichtigsten germanistischen Bibliografien. Es gibt eine Druckversion und eine eingeschränkt frei zugängliche Online-Ausgabe (*www.bdsl-online.de*).

GLBIP (Global Books in Print)
Datenbank mit Nachweisen meist englischsprachiger Monografien.

IBZ (Internationale Bibliografie der Zeitschriftenliteratur)
Über 2 Millionen sachlich erschlossene Aufsatztitel aus überwiegend geistes- und sozialwissenschaftlichen Zeitschriften.

Diese Datenbank ist als CD-ROM- und als Online-Version zugänglich. In ihr sind die bibliografischen Daten aus ca. 5600 Zeitschriften gespeichert. Das Ganze erscheint zweimal jährlich auch in gedruckter Form. Die Online-Version, die z. B. über den Gemeinsamen Bibliotheksverbund GBV erreichbar ist (*www.gbv.de*), hat eine Bestellfunktion.

IDZ (Index deutschsprachiger Zeitschriften 1750–1815)
Diese von der Akademie der Wissenschaften in Göttingen erarbeitete retrospektive Zeitschrifteninhaltsbibliografie weist ca. 100 000 Artikel aus 195 Zeitschriften aus. Sie kann online über den Service des Gemeinsamen Bibliotheksverbundes GBV bequem angesteuert werden (*www.gbv.de*).

MLA Bibliography (International Bibliography of Books and Articels on the Modern Languages and Literatures)
Der Berichtszeitraum der CD-ROM-Version dieser Bibliografie, die über 3000 Zeitschriften und Sammelwerke auswertet, setzt 1963 ein.

PCI (Periodicals Contents Index)
Diese Datenbank, die z. B. durch den Gemeinsamen Bibliotheksverbund GBV auch online zur Verfügung gestellt wird (*www.gbv.de*), verzeichnet Aufsätze aus mehr als 4800 Zeitschriften.

VLB (Verzeichnis lieferbarer Bücher)
Im Netz unter *www.buchhandel.de* erreichbar.

9.5 Internet-Recherche

Das Internet ist im wissenschaftlichen Bereich fest etabliert. Inzwischen zählt das Internet zum ganz alltäglichen Handwerkszeug im Studium.[5] Doch muss man wissen, dass das Internet im ständigen Fluss begriffen ist. Das führt häufig dazu, dass Informationen, die man im World Wide Web (dessen Abkürzung www auch für „weltweite Warteschleife" stehen könnte) recherchiert, schon nach kurzer Zeit nicht mehr verfügbar oder durch andere ersetzt worden sind. Zudem ändern sich vielfach in kurzer Zeit die Adressen der Web-Seiten, weshalb auch die folgenden Angaben nicht mit dem Anspruch auf dauerhafte Verlässlichkeit gemacht werden. Die Überprüfbarkeit von Informationen im Internet gibt also Probleme auf. Und man sollte sich dessen bewusst sein, besonders beim Zitieren von Internet-Informationen (vgl. dazu S. 53).

9.5.1 Suchmaschinen und Web-Kataloge

Wer im Internet recherchiert, kann sehr unterschiedliche Wege gehen. Einer davon führt über Suchmaschinen. Sie helfen bei der gezielten Suche nach Objekten. Die verschiedenen Suchmaschinen decken nur Teile des Netzes ab. Deshalb ist es ratsam, sich beim Suchvorgang mehrerer Suchmaschinen zu bedienen. Besonders diejenigen, die vorsortierte Themenkataloge (Portale) enthalten, sind für die zügige Recherche in Bibliotheken geeignet. Hier eine Auswahl:

APOLLO7 (www.apollo7.de)
Eine Metasuchmaschine für den deutschsprachigen Raum, die ihre Daten nicht direkt aus dem Internet bezieht, sondern aus verschiedenen Suchmaschinen.

---

[5] Hilfestellung bei der Anwendung des Internets geben: Hartmut Schönherr / Paul Tiedemann: Internet für Germanisten. Eine praxisorientierte Einführung. Darmstadt: Primus 1999. – Oliver Gschwender: Internet für Philologen. Eine Einführung in das Netz der Netze. Berlin: Erich Schmidt 1999. – Beide Bücher weisen viele nützliche Adressen im Internet aus.

BING (www.bing.com)
Die jüngste Suchmaschine.

FIREBALL (www.fireball.de)
Eine komfortable Suchmaschine mit breiter Netzabdeckung. Bibliotheken lassen sich im universitären und außeruniversitären Bereich leicht ansteuern.

GOOGLE (www.google.de)
Eine effiziente Suchmaschine mit großer Netzabdeckung. Unter www.google.com findet man das internationale Seitenstück.

METAGER (www.metager.de/beta)
Metasuchmaschine für den deutschsprachigen Raum.

YAHOO (www.yahoo.com)
Sehr übersichtliche und besonders bei der Bibliothekssuche erfolgreiche Suchmaschine. Nicht nur für die Germanistik, sondern auch für andere Philologien interessant.

Der Erfolg der Suche ist abhängig von der Reichweite des Suchbegriffs. Wer den Suchbegriff „Drama" eingibt, wird mit dem überwältigenden Ergebnis nicht sonderlich glücklich werden. Die Trefferquote ist so hoch, dass man nicht mit ihr arbeiten kann. Die optimale Nutzung von Suchmaschinen kann durch verschiedene Strategien gesteuert werden, z. B. durch die Anwendung der so genannten Boole'schen Operatoren UND, ODER, NICHT bzw. AND, OR, NOT (in manchen Fällen auch + und –, wobei das mathematische Zeichen und der nachfolgende Ausdruck nicht durch ein Leerzeichen getrennt werden dürfen). Wer den Suchbereich entsprechend seiner Wünsche geschickt einschränkt und z. B. „Drama AND Barock" oder „Vers AND Drama" eingibt, wird ein überblickbares Rechercheergebnis erzielen.

Eine weitere Möglichkeit der Einschränkung des Suchbereichs besteht in der Festlegung der Stellung mehrerer Suchbegriffe durch die Operatoren ADJ, NEAR, FAR, BEFORE. ADJ verlangt die unmittelbare Berührung zweier Suchbegriffe bei beliebiger Reihenfolge. BEFORE verlangt bei festgelegter Reihenfolge das Vorkommen zweier Suchbegriffe in beliebigem Abstand.

Sucht man nach einem bestimmten komplexen Ausdruck, stellt man ihn in Anführungszeichen.

9.5.2 Spezielle Linkverzeichnisse

Überaus hilfreich für die Internetrecherche sind Linkverzeichnisse oder Kataloge, die speziell literaturwissenschaftliche Interessen bedienen. Linkverzeichnisse sind thematisch geordnete Sammlungen von Verweisen auf Adressen oder Dateien. Sie finden sich im Service vieler Universitätsbibliotheken und germanistischer Institute. Das Angebot geht meist über die übliche Literaturrecherche hinaus. Hier eine Auswahl einiger inzwischen sehr bewährter Linklisten:

ERLANGER LISTE (www.erlangerliste.de/ressourc/lex.html)
Die sogenannte Erlanger Liste war einst eine Pionierleistung der digitalen Germanistik. Heute ist sie eine Link-Sammlung, die zu Enzyklopädien, Wörterbüchern und Datenbanken unterschiedlicher Natur weiterleitet.

FORUM COMPUTERPHILOLOGIE (www.computerphilologie.de)
Diese von Georg Braungart, Peter Gendolla und Fotis Jannidis herausgegebene Linkliste führt u. a. zu dem Online-Jahrbuch für Computerphilologie und zu wichtigen germanistischen Internet-Adressen.

HISTORICUM.NET – GESCHICHTSWISSENSCHAFT IM NETZ (www.historicum.net)
Das Portal für den Historiker.

MEDIÄVISTIK IM INTERNET (www.mediaevum.de)
Dieses Internetportal bedient altgermanistische Interessen. Es öffnet Pfade in die mediävistische Forschung, ermöglicht die bibliografische Recherche, die Suche in Datenbanken und die Sichtung von Handschriften.

WÖRTERBUCHNETZ (www.woerterbuchnetz.de)
Das Center für Digital Humanities der Universität Trier hat diese für die literaturwissenschaftliche Arbeit hilfreiche Seite geschaf-

fen. Es bietet Zugänge zu vielen Wörterbüchern und Lexika, darunter Adelungs „Grammatisch-kritisches Wörterbuch“, Grimms „Deutsches Wörterbuch“ und das Goethe-Wörterbuch.

bibliothek

die vielen buchstaben
die nicht aus ihren wörtern können

die vielen wörter
die nicht aus ihren sätzen können

die vielen sätze
die nicht aus ihren texten können

die vielen texte
die nicht aus ihren büchern können

die vielen bücher
mit dem vielen staub darauf

die gute putzfrau
mit dem staubwedel

Ernst Jandl: Gesammelte Werke. Bd. 2.: Gedichte 2. Darmstadt 1985. S. 312.

9.5.3 Bibliotheks- und Literaturrecherche im Internet

Um in den OPAC der lokalen Universitätsbibliothek zu gelangen, muss man nicht die Bibliothek selbst aufsuchen. Das kann auch per Internet von einem externen Standort aus geschehen. Dazu muss man nur die lokale Universitätsbibliothek ansteuern. Und dann geht es wie oben (S. 78 f.) beschrieben weiter. Das Internet bietet aber auch den Zugang zu anderen öffentlichen Bibliotheken. Die Bibliotheksrecherche an fremden Standorten (als Gast) ist ohne Benutzerkennung in vielen Fällen rein virtuell: Man bringt in Erfahrung, welche Bücher und Zeitschriften etc. am jeweiligen Standort vorhanden sind. Und man kann die Signatur eines Buches etc. in Erfahrung bringen, was u. U. die Dauer des Fernleihverkehrs erheblich verkürzt. Doch können im Einzelfall auch Online-Bestellungen gegen Gebühr aufgegeben werden (z. B. bei SUBITO). Folgende

Linklisten und Adressen sind für die externe Bibliotheksrecherche einschlägig:

BIBLIOGRAFIEN ZUR LINGUISTIK (www.ids-mannheim. de/service/quellen/biblio.html)
Die Liste richtet sich an den Linguisten, ist aber im Bedarfsfall auch für den Literaturwissenschaftler interessant.

BIBLIOTHEQUE NATIONALE DE FRANCE, PARIS (www.bnf.fr)

BRITISH LIBRARY, LONDON (www.bl.uk)

DAS DEUTSCHE DIGITALE ZEITSCHRIFTENARCHIV (www.digizeitschriften.de)
Ein nützlicher Service, der den Zugang zu den wichtigsten Zeitschriften der deutschen Forschung ermöglicht. Der Zugriff erfolgt über berechtigte Bibliotheken und wissenschaftliche Einrichtungen.

DEUTSCHE DIGITALE BIBLIOTHEK (DDB) (www.deutsche-digitale-bibliothek.de)
Sie steht seit Herbst 2012 online zur Verfügung und wird schrittweise aufgebaut. Ziel ist es, den freien Zugang zum kulturellen und wissenschaftlichen Erbe Deutschlands zu eröffnen.

DIE DEUTSCHE NATIONALBIBLIOTHEK (www.dnb.de)
Unter „Kataloge und Sammlungen" können u. a. der OPAC der Deutschen Nationalbibliothek und verschiedene nationale Online-Kataloge angesteuert werden.

THE EUROPEAN LIBRARY (www.theeuropeanlibrary.org/)
Sie bietet den Zugang zu den Beständen der europäischen Nationalbibliotheken.

FACHBIBLIOGRAFIEN GERMANISTIK (www.bibliothek.uni-augsburg.de/fachinformation/germanistik)
Hier findet sich neben Links zu germanistischen Datenbanken eine knapp kommentierte Liste von wichtigen Lexika und bibliografischen Standardwerken, die auch in jeder germanistischen Seminarbibliothek vorhanden sein sollten.

HERZOG AUGUST-BIBLIOTHEK WOLFENBÜTTEL (www.hab.de)
Über eine umfangreiche Linkliste kann man den OPAC der Herzog August Bibliothek ansteuern. Eine der ersten Adressen für all diejenigen, die sich mit der Frühen Neuzeit befassen.

KARLSRUHER VIRTUELLER KATALOG (www.kvk.bibliothek.kit.edu)
Ein übersichtlicher Metakatalog der Universitätsbibliothek Karlsruhe zum Nachweis von 60 Millionen Büchern und Zeitschriften in Bibliotheks- und Buchhandelskatalogen weltweit. Von dieser Liste aus hat man schnellen Zugriff auf die deutschen Bibliotheksverbünde, von denen der Gemeinsame Bibliotheksverbund der Länder Bremen, Hamburg, Mecklenburg-Vorpommern, Niedersachsen, Sachsen, Schleswig-Holstein, Sachsen-Anhalt und Thüringen (GBV) besonders für Germanisten interessant ist. In ihn sind die Altbestände von Göttingen, Halle und Wolfenbüttel aufgenommen worden.

LIBRARY OF CONGRESS, WASHINGTON (www.loc.gov)

ÖSTERREICHISCHER BIBLIOTHEKENVERBUND (www.obvsg.at)
Hier haben Sie Zugang zu den Online-Katalogen in Österreich.

SCHWEIZER BIBLIOTHEKEN (www.bibliothek.ch)
Links zu den Hochschul-, Kantons-, Gemeinde- und Spezialbibliotheken in der Schweiz und zum Buchhandel.

SUBITO (www.subito-doc.de)
Bei diesem Lieferdienst wissenschaftlicher Bibliotheken aus Deutschland, Österreich und der Schweiz kann man Aufsätze recherchieren und gegen Gebühr online bestellen. Außerdem gibt es Zugänge zu Monografiedatenbanken und einem internationalen Aufsatzdienst.

VERZEICHNIS DEUTSCHSPRACHIGER KATALOGE UND INSTITUTIONEN (bbb.neteler.org)
Unter dieser nützlichen Adresse kann man u. a. aus folgenden Begriffen auswählen:

Universitäre Bibliothekskataloge
Sonderkataloge
Außeruniversitäre und weltweite Bibliothekskataloge
Wörterbücher und Lexika
Archive deutschsprachiger Tageszeitungen
Kopierbare Bücher (Volltext)

VIRTUELLE FACHBIBLIOTHEK GERMANISTIK – GERMANISTIK IM NETZ (GIN) (www.germanistik-im-netz.de)
Das von der Universität Frankfurt am Main betreute Fachportal bietet einen Zugang zu den Medien der deutschen Sprach- und Literaturwissenschaft. Der Service ist äußerst umfangreich. Er erlaubt die Literaturrecherche in vielen Katalogen (u.a. in dem des Deutschen Literaturarchivs Marbach, dem der Herzog August Bibliothek Wolfenbüttel und dem der Herzogin Anna Amalia Bibliothek Weimar). Er bietet einen Überblick über germanistische Zeitschriften sowie über Zeitschrifteninhalte. Auch maßgebliche Fachbibliografien sind einsehbar.

9.5.4 Volltextsuche

Die Volltextsuche im Internet ist unter folgenden Adressen möglich:

http://gutenberg.spiegel.de
Hier finden Sie literarische Texte. Diese virtuelle Bibliothek ist ohne Unterstützung von Literaturwissenschaftlern zustande gekommen. Die editorische Zuverlässigkeit der Texte ist häufig zweifelhaft.

www.zeno.org
Die größte Volltextbibliothek erhält neben literarischen Texten auch Wörterbücher, Lexika, Bilder, Dokumente zur Kulturgeschichte, soziologische und philosophische Texte.

www.ub.uni-heidelberg.de/helios/digi/digilit.html
Hier haben Sie Zugang zu historischen Beständen der Universitätsbibliothek Heidelberg.

www.zvdd.de
Das Zentrale Verzeichnis Digitalisierter Drucke ist ein Nachweisportal, über das man Drucke vom 15. Jahrhundert bis heute einsehen kann.

www.deutschestextarchiv.de
Das Deutsche Textarchiv stellt deutschsprachige Texte von 1600 bis 1900 bereit.

www.ub.uni-bielefeld.de/diglib/aufklaerung
Hier können Literaturzeitschriften des 18. und 19. Jahrhunderts eingesehen werden.

www.vd16.de
Umfangreiche Quelle für digitalisierte deutschsprachige Drucke des 16. Jahrhunderts.

www.vd17.de
Umfangreiche Quelle für digitalisierte deutschsprachige Drucke des 17. Jahrhunderts.

www.vd18.de
Führt zu deutschsprachigen Drucken des 18. Jahrhunderts.

Staatsbibliothek

Staatsbibliothek
Kaschemme
Resultatverlies
Satzbordell
Maremme
Fieberparadies:
wenn die Katakomben
glühn im Wortvibrier
und die Hekatomben
sind ein weißer Stier –

wenn Vergang der Zeiten
wenn die Stunde stockt
weil im Satz der Seiten
eine Silbe lockt
die den Zweckgewalten
reinem Lustgewinn
rauscht in Sturzgestalten
löwenhaft den Sinn –:

wenn das Säkulare
tausendstimmig Blut
auferlebt im Aare
neuer Himmel ruht:
Opfer
Beil und Wunde
Hades
Mutterhort
für der Schöpfungsstunde
traumbeladenes Wort.

Gottfried Benn: Sämtliche Werke. Bd. 1: Gedichte. Frankfurt am Main 1986. S. 89.

10 Basis-Literatur / bibliografische Hilfsmittel

Diese Bibliografie dient der allgemeinen Orientierung und ist deshalb in Sachgruppen unterteilt. Die hier versammelten Schriften suchen umfassend zu informieren und weiterzuhelfen; darum überschreiten manche von ihnen die Sachgruppe, der sie hier zugeordnet sind. Auf Querverweise wurde jedoch verzichtet. Nicht alle angegebenen Titel sind noch im Buchhandel erhältlich. Suchen Sie sie in der Bibliothek. Auf eine Wertung der in puncto Niveau und Aktualität sehr verschiedenartigen Literatur wird hier im Großen und Ganzen verzichtet. Besonders empfehlenswerte Literatur allerdings wird hervorgehoben. Es ist klar, dass das nicht frei von persönlichen Vorlieben geschieht.

10.1 Bücher- und Quellenkunde

10.1.1 Literaturermittlung

Detemple, Siegfried u. Frank Heidtmann: Wie finde ich philosophische Literatur? Berlin: Berlin-Verlag 1986. Nachdr. 1988.

Franke, Fabian u. a.: Schlüsselkompetenzen Literatur recherchieren in Bibliotheken und Internet. Stuttgart/Weimar: Metzler 2010.

Gantert, Klaus: Elektronische Informationsressourcen für Germanisten. Berlin: de Gruyter 2010.

Gullath, Brigitte u. Frank Heidtmann: Wie finde ich altertumswissenschaftliche Literatur? Klassische Philologie, Mittel- und Neulatein, Byzantinistik, Alte Geschichte und Klassische Archäologie. Berlin: Berlin-Verlag 1992.

Heidtmann, Frank u. Paul S. Ulrich: Wie finde ich film- und theaterwissenschaftliche Literatur? 2., vollst. überarb. Aufl. Berlin: Berlin-Verlag 1988.

Heidtmann, Frank: Wie finde ich Literatur zur Volkswirtschaft, Betriebswirtschaft, Psychologie, Soziologie, Politologie, Publizistik, Statistik? 2., völlig umgearb. Aufl. Berlin: Berlin-Verlag 1985.

Heidtmann; Frank u. Alexandra Habermann: Wie finde ich soziologische Literatur? 2., überarb. u. erw. Aufl. Berlin: Berlin-Verlag 1977.

Landwehr, Jürgen, Matthias Mitzschke u. Rolf Paulus: Praxis der Informationsermittlung: „Deutsche Literatur". Systematische Einführung in das fachbezogene Recherchieren. Theorie u. Verfahren d. Recherchierens. – Handbücher u. Bibliographie – Zeitschriften – Institutionen. München: Fink 1978.

Paschek, Carl: Praxis der Literaturinformation Germanistik. 3., völlig neu bearb. Aufl. Berlin: Weidler 2000.

Schwinge, Gerhard: Wie finde ich theologische Literatur? 3., völlig neu bearb. Aufl. Berlin: Berlin-Verlag 1994.

Tully, Claus J.: Basisdokumentation Medienliteratur. München: DJI Verlag 1989.

Ulrich, Paul S.: Wie finde ich anglistische Literatur? Berlin: Berlin-Verlag 1980.

Wilk-Mincu, Barbara: Wie finde ich kunstwissenschaftliche Literatur? 3., auf den neuesten Stand gebr. Aufl. Berlin: Berlin-Verlag 1992.

10.1.2 Bibliografische ‚Wegweiser'

Allischewski, Helmut: Bibliographienkunde. Ein Lehrbuch mit Beschreibungen von mehr als 300 Druckschriftenverzeichnissen und allgemeinen Nachschlagewerken. 2., neu bearb. u. erw. Aufl. Wiesbaden: Reichert 1986.

Arnold, Robert F.: Allgemeine Bücherkunde zur neueren deutschen Literaturgeschichte. 4., neu bearb. Aufl. von Herbert Jacob. Berlin: de Gruyter 1966.

Bartsch, Eberhard: Die Bibliographie. Einführung in Benutzung, Herstellung, Geschichte. 2., durchges. Aufl. München: Saur 1989.

Blinn, Hansjürgen: Informationshandbuch Deutsche Literaturwissenschaft. Mit Internet- und CD-ROM-Recherche. 4., völlig neu bearb. u. stark erw. Ausg. Frankfurt am Main: Fischer 2005. [Sehr sorgfältig gemachtes Buch, das umfassende Orientierung im Fach gibt.]

> Mögen andere sich der Bücher rühmen, die zu schreiben ihnen gegeben war; ich rühme mich jener, die zu lesen mir gewährt wurde.

Jorge Luis Borges: Persönliche Bibliothek. Frankfurt am Main 1995. S. 223.

Hansel, Johannes u. Lydia Kaiser: Literaturrecherche für Germanisten. Studienausgabe. 10., völlig neu bearb. u. erw. Aufl. Berlin: Erich Schmidt 2003.

Hocks, Paul: Bücherverzeichnis zur deutschen Literaturgeschichte. Mit Hinweisen zur Personalbibliographie. Frankfurt am Main: Ullstein 1979.

Jeßing, Bendikt: Bibliographieren für Literaturwissenschaftler. Stuttgart. Reclam 2003.

Raabe, Paul: Einführung in die Bücherkunde zur deutschen Literaturwissenschaft. Mit 14 Tabellen im Anhang. 11., völlig neu bearb. Aufl. Stuttgart: Metzler 1994.

Raabe, Paul: Einführung in die Quellenkunde zur neueren deutschen Literaturgeschichte. 3. Aufl. Stuttgart: Metzler 1974.

Raabe, Paul u. Georg Ruppelt: Quellenrepertorium zur neueren deutschen Literaturgeschichte. 3., vollst. neu bearb. Aufl. Stuttgart: Metzler 1981.

Totok, Wilhelm u. Rolf Weitzel: Handbuch der bibliographischen Nachschlagewerke. 2 Bde. Hrsg. von Hans-Jürgen und Dagmar Kernchen. 6., erw., völlig neu bearb. Aufl. Frankfurt am Main: Klostermann 1984/85.

Zelle, Carsten: Kurze Bücherkunde für Literaturwissenschaftler. Tübingen: Francke 1998.

10.1.3 Buchkunde

Funke, Fritz: Buchkunde. Ein Überblick über die Geschichte des Buches. 6., überarb. u. erg. Aufl. München: Saur 1999.

Hiller, Helmut u. Stephan Füssel: Wörterbuch des Buches. 7., grundl. überarb. Aufl. Frankfurt am Main: Klostermann 2006.

Lexikon der Buchkunst und Bibliophilie. Hrsg. von Karl Klaus Walther. Hamburg: Nikol 2006.

Lexikon des gesamten Buchwesens. Hrsg. von Severin Corsten u.a. Bd. 1–8 u. ein Registerband. 2., völlig neu bearb. Aufl. Stuttgart: Hiersemann 1987–2016.

Röhring, Hans-Helmut: Wie ein Buch entsteht. Einführung in den modernen Buchverlag. 8., von Klaus W. Bramann überarb. u. aktual. Aufl. Darmstadt: Primus 2008.

Schönstedt, Eduard: Der Buchverlag. Geschichte, Aufbau, Wirtschaftsprinzipien, Kalkulation und Marketing. 3., vollst. überarb. u. erw. Aufl. Stuttgart: Metzler 2010.

Schulz, Gerd: Buchhandels-Ploetz. Abriß der Geschichte des deutschsprachigen Buchhandels von Gutenberg bis zur Gegenwart. 5., aktual. Aufl. Freiburg: Ploetz 1990.

Umlauf, Konrad: Moderne Buchkunde. 2., aktual. u. neu gefasste Aufl. Wiesbaden: Harrossowitz 2005.

Vogel, Ernst Gustav: Literatur früherer und noch bestehender europäischer öffentlicher und Corporations-Bibliotheken. Leipzig: Weigel 1840.

Wittmann, Reinhard: Geschichte des deutschen Buchhandels. Ein Überblick. 2., durchges. u. erw. Aufl. München: Beck 1999.

10.1.4 Bibliothekskunde

Gantert, Klaus u. Rupert Hacker: Bibliothekarisches Grundwissen. 8., vollst. neu bearb. u. erw. Aufl. München: Saur 2008.

Krieg, Werner: Einführung in die Bibliothekskunde. 2., völlig überarb. Aufl. besorgt von Rudolf Jung. Darmstadt: Wissenschaftliche Buchgesellschaft 1990.

Lauber-Reymann, Margrit: Informationsressourcen. Ein Handbuch für Bibliothekare und Informationsspezialisten. Berlin/New York: de Gruyter 2010.

Lexikon des Bibliothekswesens. Hrsg. von Horst Kunze u. Gotthard Rückl. 2., neu bearb. Aufl. Leipzig: Verlag für Buch- und Bibliothekswesen 1974–1975.

Die moderne Bibliothek. Ein Kompendium der Bibliotheksverwaltung. Hrsg. von Rudolf Frankenberger und Klaus Haller. München: Saur 2004.

Strzolka, Rainer: Repertorium der Bibliothekswissenschaft. 2 Bde. 5., vollst. überarb. Aufl. Hannover: Koechert 1998.

10.2 Arbeitstechniken, wissenschaftliches Arbeiten

Bangen, Georg: Die schriftliche Form germanistischer Arbeiten. Empfehlungen für die Anlage und die äußere Gestaltung wissenschaftlicher Manuskripte unter besonderer Berücksichtigung der Titelangaben von Schrifttum. 9., durchges. Aufl. Stuttgart: Metzler 1990.

Binder, Alwin u. a.: Einführung in Techniken literaturwissenschaftlichen Arbeitens. 8. Aufl. Königstein/Ts.: Scriptor 1995.

DIN-Norm 1505. Teil 2: Titelangaben von Dokumenten, Zitierregeln. Berlin: Deutsches Institut für Normung 1984.

Eco, Umberto: Wie man eine wissenschaftliche Abschlußarbeit schreibt. Doktor-, Diplom- und Magisterarbeiten in den Geistes- und Sozialwissenschaften. 13., unveränd. Aufl. d. dt. Ausgabe. Wien: facultas.wuv 2010.

Faulstich, Werner u. Hans-Werner Ludwig: Arbeitstechniken für Studenten der Literaturwissenschaft. 4., unveränd. Aufl. Tübingen: Narr 1993.

Franck, Norbert: Handbuch Wissenschaftliches Arbeiten. 2. Aufl. Frankfurt am Main: Fischer 2007.

Franck, Norbert u. Joachim Stary: Die Technik wissenschaftlichen Arbeitens. 17. überarb. Aufl. Paderborn: Schöningh 2013.

Geiger, Heinz, Albert Klein u. Jochen Vogt: Hilfsmittel und Arbeitstechniken der Literaturwissenschaft. 3. Aufl. Opladen: Westdeutscher Verlag 1978.

Ludwig, Hans-Werner u. Thomas Rommel: Studium Literaturwissenschaft. Arbeitstechniken und Neue Medien. Tübingen: Francke 2003

Lueck, Wolfgang: Technik des wissenschaftlichen Arbeitens: Seminararbeit, Diplomarbeit, Dissertation. 10. Aufl. München: Oldenbourg 2009.

Moennighoff, Burkhard u. Eckhardt Meyer-Krentler: Arbeitstechniken Literaturwissenschaft. 18., aktual. Aufl. Paderborn: Fink 2018.

Poenicke, Klaus: Die schriftliche Arbeit. Materialsammlung u. Manuskriptgestaltung für Fach-, Seminar- u. Abschlußarbeiten an Schule u. Universität. 2., neu bearb. Aufl. Mannheim: Dudenverlag 1989.

Poenicke, Klaus: Wie verfaßt man wissenschaftliche Arbeiten? Ein Leitfaden vom ersten Studiensemester bis zur Promotion. 3. Aufl. Mannheim: Dudenverlag 2006.

Sittig, Claudius: Arbeitstechniken Germanistik. 2. Aufl. Stuttgart: Klett 2013.

Standop, Ewald u. Matthias L. G. Meyer: Die Form der wissenschaftlichen Arbeit. 18., korr. u. erg. Aufl. Wiebelsheim: Quelle & Meyer 2008.

Vom Bücherkaufen

Man liest die Bücher, die man kauft, am wenigsten.
Drum, um es nicht zu lesen, kauft' ich manches Buch:
Das Geld ist ausgegeben, doch die Zeit erspart.

Friedrich Rückert: Gesammelte Poetische Werke in 12 Bdn. Hrsg. von Heinrich Rückert. 7. Bd. Frankfurt 1869. S. 48.

10.3 Einführungen in die Literaturwissenschaft und in benachbarte Fächer

10.3.1 Allgemeine Literaturwissenschaft

Baasner, Rainer u. Maria Zens: Methoden und Modelle der Literaturwissenschaft. Eine Einführung. 3., überarb. u. erw. Aufl. Berlin: Erich Schmidt 2005.

Eagleton, Terry: Einführung in die Literaturtheorie. 5., durchges. Aufl. Stuttgart: Metzler 2012.

Zweifellos ist in mir die Gier nach Büchern.

Franz Kafka: Tagebücher 1910–1923. Frankfurt am Main 1976. S. 114.

Grundzüge der Literaturwissenschaft. Hrsg. von Heinz Ludwig Arnold u. Heinrich Detering. 9. Aufl. München: dtv 2011. [In Beiträgen einer Reihe von Autorinnen und Autoren werden Kernbereiche des Fachs vorgestellt.]

Handbuch Literaturwissenschaft. Hrsg. von Thomas Anz. 3 Bde. Stuttgart/Weimar: Metzler 2007. [Ein umfassend angelegtes Kompendium, das in einer Reihe von Einzelbeiträgen in Gegenstände und Grundbegriffe, in Methoden und Theorien, Institutionen und Praxisfelder des Fachs einführt.]

Kayser, Wolfgang: Das sprachliche Kunstwerk. Eine Einführung in die Literaturwissenschaft. 20. Aufl. Tübingen, Basel: Francke 1992. [Ein, obwohl in der Sache veralteter, immer noch lesenswerter Klassiker.]

Klarer, Mario: Einführung in die Grundlagen der Literaturwissenschaft. Darmstadt: Wissenschaftliche Buchgesellschaft 1999.

Link, Jürgen: Literaturwissenschaftliche Grundbegriffe. Eine programmierte Einführung auf strukturalistischer Basis. 6., unveränd. Aufl. München: Fink 1997.

Literaturwissenschaft. Probleme ihrer theoretischen Grundlegung. Hrsg. von Volker Bohn. Stuttgart: Kohlhammer 1980.

Literaturwissenschaft. Ein Grundkurs. Hrsg. von Helmut Brackert u. Jörn Stückrath. 8. Aufl. Reinbek bei Hamburg: Rowohlt 2004.

Neue Literaturtheorien. Eine Einführung. Hrsg. von Klaus-Michael Bogdal. 3. Aufl. Göttingen: Vandenhoeck & Ruprecht 2005.

Schulte-Sasse, Jochen u. Renate Werner: Einführung in die Literaturwissenschaft. 9., unveränd. Aufl. München: Fink 2001.

Weimar, Klaus: Enzyklopädie der Literaturwissenschaft. 2., unveränd. Aufl. Tübingen: Francke 1993. [Ein gedanklich anregender Versuch der Grundlegung des Fachs.]

Zymner, Rüdiger u. Harald Fricke: Einübung in die Literaturwissenschaft: Parodieren geht über Studieren. 5., überarb. u. erw.

Aufl. Paderborn: Schöningh 2007. [Eine ungewöhnliche Einführung in die Grundbegriffe der Literaturanalyse. Durch praktische Schreibübungen wird die Terminologie der Literaturwissenschaft greifbar.]

> Es gibt eine gewisse Art von Büchern, und wir haben in Deutschland eine große Menge, die nicht vom Lesen abschrecken, nicht plötzlich einschläfern, oder mürrisch machen, aber in Zeit von einer Stunde den Geist in eine gewisse Mattigkeit versetzen, die zu allen Zeiten einige Ähnlichkeit mit derjenigen hat, die man einige Stunden vor einem Gewitter verspürt. Legt man das Buch weg, so fühlt man sich zu nichts aufgelegt, fängt man an zu schreiben, so schreibt man eben so, selbst gute Schriften scheinen diese laue Geschmacklosigkeit anzunehmen, wenn man sie zu lesen anfängt. Ich weiß aus eigener Erfahrung, daß gegen diesen traurigen Zustand nichts geschwinder hilft als eine Tasse Kaffee mit einer Pfeife Varinas.

Georg Christoph Lichtenberg (B 15).

10.3.2 Komparatistik

Corbineau-Hoffmann, Angelika: Einführung in die Komparatistik. 2. überarb. u. erw. Aufl. Berlin: Erich Schmidt 2004.

Dyserinck, Hugo: Komparatistik. Eine Einführung. 3., durchges. u. erw. Aufl. Bonn: Bouvier 1991.

Handbuch Komparatistik: Theorien, Arbeitsfelder, Wissenspraxis. Hrsg. von Rüdiger Zymner u. Achim Hölter. Stuttgart 2013.

Kaiser, Gerhard R.: Einführung in die Vergleichende Literaturwissenschaft. Forschungsgegenstand – Kritik – Aufgaben. Darmstadt: Wissenschaftliche Buchgesellschaft 1980.

Komparatistik. Aufgaben und Methoden. Hrsg. von Horst Rüdiger. Stuttgart: Kohlhammer 1973.

Konstantinović, Zoran: Vergleichende Literaturwissenschaft. Bestandsaufnahme und Ausblicke. Bern, Frankfurt am Main: Lang 1988.

Vergleichende Literaturwissenschaft. Hrsg. von Hans Norbert Fügen. Düsseldorf, Wien: Econ 1973.

Zima, Peter V.: Komparatistik. Einführung in die Vergleichende Literaturwissenschaft. Tübingen: Francke 1992.

10.3.3 Germanistik

Conrady, Karl Otto: Einführung in die Neuere deutsche Literaturwissenschaft. Reinbek bei Hamburg: Rowohlt 1968.

Dürscheid, Christa, Hartmut Kircher u. Bernhard Sowinski: Germanistik. Eine Einführung. Köln: Böhlau 1994.

Gutzen, Dieter, Norbert Oellers, Jürgen H. Petersen u. Eckhart Strohmaier: Einführung in die neuere deutsche Literaturwissenschaft. Ein Arbeitsbuch. 8., neu bearb. Aufl. Berlin: Erich Schmidt 2009.

Härle, Gerhard u. Uwe Meyer: Studienführer Germanistik. 2., völlig überarb. Aufl. München: Lexika 1997.

Jeßing, Benedikt u. Ralph Köhnen: Einführung in die neuere deutsche Literaturwissenschaft. Stuttgart, Weimar: Metzler 2012.

Literaturwissenschaft. Eine Einführung für Germanisten. Hrsg. von Dieter Breuer u. a. 2. Aufl. Frankfurt am Main: Ullstein 1973.

Papp, Edgar: Taschenbuch Literaturwissenschaft. Ein Studienbegleiter für Germanisten. Berlin: Erich Schmidt 1995.

Schnell, Ralf: Orientierung Germanistik. Was sie kann, was sie will. Reinbek bei Hamburg: Rowohlt 2000.

Vogt, Jochen: Einladung zur Literaturwissenschaft. 7., erw. u. aktual. Aufl. München: Fink 2016. [Die aus einer Vorlesung hervorgegangene, gut geschriebene Einführung macht mit den wichtigsten Gegenstandsbereichen des Fachs vertraut.]

10.3.4 Romanistik

Grimm, Jürgen, Frank-Rutger Hausmann u. Christoph Miething: Einführung in die französische Literaturwissenschaft. 4., durchges. u. erw. Aufl. Stuttgart: Metzler 1997.

Hess, Rainer, Mireille Frauenrath, Gustav Siebenmann u. Tilbert Stegmann: Literaturwissenschaftliches Wörterbuch für Romanisten. 4., überarb. u. erw. Aufl. Tübingen: Francke 2003.

Rohr, Rupprecht: Einführung in das Studium der Romanistik. 3., überarb. Aufl. Berlin: Erich Schmidt 1980.

Wittschier, Heinz Willi: Die italienische Literatur. Einführung und Studienführer. Von den Anfängen bis zur Gegenwart. 3., erg. Aufl. Tübingen: Niemeyer 1985.

Wittschier, Heinz Willi: Die spanische Literatur. Einführung und Studienführer. Von den Anfängen bis zur Gegenwart. Tübingen: Niemeyer 1993.

10.3.5 Anglistik, Amerikanistik

Breuer, Rolf u. Rainer Schöwerling: Das Studium der Anglistik. Technik u. Inhalte. 2., vollst. überarb. Aufl. München: Beck 1980.

Ein anglistischer Grundkurs. Einführung in das Studium der Literaturwissenschaft. Hrsg. von Bernhard Fabian. 9., durchges. u. erg. Aufl. Berlin: Erich Schmidt 2004.

Einführung in das Studium der Anglistik und Amerikanistik. Hrsg. von Uwe Böker u. Christoph Houswitschka. 2., überarb. Aufl. München: Beck 2007.

Klarer, Mario: Einführung in die anglistisch-amerikanistische Literaturwissenschaft. 7. Aufl. Darmstadt: Wiss. Buchgesellschaft 2010.

Löffler, Arno, Dieter Petzold, Jobst-Christian Rojahn, Ulrich Schneider, Eberhard Späth: Einführung in das Studium der englischen Literatur. 7., neu durchges. Aufl. Tübingen, Basel: Francke 2006.

Schwanitz, Dietrich: Literaturwissenschaft für Anglisten. Das studienbegleitende Handbuch. Ismaning: Hueber 1993.

10.3.6 Klassische Philologie

Einleitung in die griechische Philologie. Hrsg. von Heinz-Günther Nesselrath. Stuttgart: Teubner 1997.

Einleitung in die lateinische Philologie. Hrsg. von Fritz Graf. Stuttgart: Teubner 1997.

Jäger, Gerhard: Einführung in die klassische Philologie. 3., überarb. Aufl. München: Beck 1990.

Riemer, Peter, Michael Weißenberger, Bernhard Zimmermann: Einführung in das Studium der Gräzistik. München: Beck 2000.

Riemer, Peter, Michael Weißenberger, Bernhard Zimmermann: Einführung in das Studium der Latinistik. München: Beck 1998.

> Wo nehme ich nur all die Zeit her, so viel nicht zu lesen?

Karl Kraus: Aphorismen. Frankfurt am Main 1986. S. 119.

10.3.7 Geschichte

Boockmann, Hartmut: Einführung in die Geschichte des Mittelalters. 8. Aufl. München: Beck 2007.

Borowsky, Peter, Barbara Vogel u. Heide Wunder: Einführung in die Geschichtswissenschaft. 1. Bd.: Grundprobleme. Arbeitsorganisation, Hilfsmittel. 5., überarb. u. aktual. Aufl. Opladen: Westdeutscher Verlag 1989 (Nachdruck 2000).

Boshof, Egon, Kurt Düwell u. Hans Kloft: Grundlagen des Studiums der Geschichte. Eine Einführung. 5., durchges. Aufl. Köln: Böhlau 1997.

Brandt, Ahasver von: Werkzeug des Historikers. Eine Einführung in die historischen Hilfswissenschaften. 17. Aufl. Stuttgart: Kohlhammer 2007.

Funk-Kolleg Geschichte. Hrsg. von Werner Conze, Karl-Georg Faber u. August Nitschke. 2. Bde. Frankfurt am Main: Fischer 1981.

Lukis, Helmut: Hinweise für Anfänger im Studium der Geschichte an der Ruhr-Universität Bochum. 9. Aufl. Bochum: Brockmeyer 1991.

Sellin, Volker: Einführung in die Geschichtswissenschaft. Erw. Neuausg. Göttingen: Vandenhoeck & Ruprecht 2008.

10.3.8 Theologie

Ebeling, Gerhard: Studium der Theologie. Eine enzyklopädische Orientierung. 2. Aufl. Tübingen: Mohr 1977.

Eicher, Peter: Theologie. Eine Einführung in das Studium. München: Kösel 1980.

Heiligenthal, Roman u. a.: Einführung in das Studium der evangelischen Theologie. Überarb. Neuausg. Stuttgart: Kohlhammer 2004.

Katholische Theologie heute. Eine Einführung in das Studium. Hrsg. von Josef Wohlmuth. 2., verb. Aufl. Würzburg: Echter 1995.

Raffelt, Albert: Proseminar Theologie. Einführung in das wissenschaftliche Arbeiten und in die theologische Bücherkunde. 5., wiederum völlig neu bearb. Aufl. Freiburg: Herder 1992.

Sölle, Dorothee: Gott denken. Einführung in die Theologie. München: Piper 2002.

10.3.9 Medien, Medienwissenschaft

Balme, Christopher: Einführung in die Theaterwissenschaft. 4., durchges. Aufl. Berlin: Erich Schmidt 2008.

Bienk, Alice: Filmsprache. Einführung in die interaktive Filmanalyse. Marburg: Schüren 2006.

Faulstich, Werner: Medientheorien. Einführung und Überblick. Göttingen: Vandenhoeck & Ruprecht 1991.

Földes-Papp, Károly: Vom Felsbild zum Alphabet. Die Geschichte der Schrift von ihren frühesten Vorstufen bis zur modernen lateinischen Schreibschrift. Stuttgart: Belser 1987.

Fischer-Lichte, Erika: Semiotik des Theaters. Eine Einführung. 3 Bde. 4. Aufl. Tübingen: Narr 1998–1999.

Grundwissen Medien. Hrsg. von Werner Faulstich. 5., vollst. überarb. u. erhebl. erw. Aufl. München: Fink 2004.

Havelock, Eric A.: Schriftlichkeit. Das griechische Alphabet als kulturelle Revolution. Weinheim: VCH acta humaniora 1990.

Jean, Georges: Die Geschichte der Schrift. Ravensburg: Maier 1993.

Knudsen, Hans: Methodik der Theaterwissenschaft. Stuttgart: Kohlhammer 1971.

Ludes, Peter: Einführung in die Medienwissenschaft: Entwicklungen und Theorien. 2., überarb. Aufl. Berlin: Erich Schmidt 2003.

McLuhan, Marshall: Die Gutenberg Galaxis. Das Ende des Buchzeitalters. Bonn: Addison 1995.

McLuhan, Marshall: Die magischen Kanäle. 2., erw. Aufl. Dresden: Verlag der Kunst 1995.

Monaco, James: Film verstehen. Kunst, Technik, Sprache, Geschichte und Theorie des Films und der Medien. Mit einer Einführung in Multimedia. 10. Aufl. Reinbek bei Hamburg: Rowohlt 2009.

Ong, Walter J.: Oralität und Literalität. Die Technologisierung des Wortes. Opladen: Westdeutscher Verlag 1987.

Paech, Joachim: Literatur und Film. 2., überarb. Aufl. Stuttgart: Metzler 1997.

Prokop, Dieter: Soziologie des Films. 2., überarb. Aufl. Frankfurt am Main: Fischer 1997.

Schanze, Helmut: Medienkunde für Literaturwissenschaftler. Einführung und Bibliographie. München: Fink 1974.

Umlauf, Konrad: Medienkunde. Wiesbaden: Harrassowitz 2006.

Die Wirklichkeit der Medien. Eine Einführung in die Kommunikationswissenschaft. Hrsg. von Klaus Merten u. a. Opladen: Westdeutscher Verlag 1994 (Nachdruck 1998).

Zumthor, Paul: Einführung in die mündliche Dichtung. Berlin: Aufbau 1990.

10.3.10 Literaturdidaktik

Abraham, Ulf u. a.: Praxis des Deutschunterrichts. Arbeitsfelder – Tätigkeiten – Methoden. Das Handbuch für den Deutschunterricht. 6. Aufl. Donauwörth: Auer 2009.

Abraham, Ulf, Matthis Kepser: Literaturdidaktik Deutsch. Eine Einführung. 3., neu bearb. u. erw. Aufl. Berlin: Erich Schmidt 2009

Bredel, Ursula u. Irene Pieper: Integrative Deutschdidaktik. Paderborn: Schöningh 2015. [Die Einführung vereint die sonst oft getrennten literatur- und sprachdidaktischen Zugänge zum Deutschunterricht.]

Deutschunterricht konkret. Bd. 1: Literatur und Medien. Hrsg. von Ekkehard Blattmann u. Volker Frederking. Baltmannsweiler: Schneider-Verlag 2000.

Fritzsche, Joachim: Zur Didaktik und Methodik des Deutschunterrichts. 3 Bde. Stuttgart: Klett 1994.

Grundzüge der Literaturdidaktik. Hrsg. von Klaus-Michael Bodgal u. Hermann Korte. 4. Aufl. München: dtv 2006.

Haas, Gerhard: Handlungs- und produktionsorientierter Literaturunterricht. Theorie und Praxis eines ‚anderen' Literaturunterrichts für die Primar- und Sekundarstufe. 7. Aufl. Seelze: Kallmeyer 2007.

Handbuch „Deutsch". Für Schule und Hochschule. Sekundarstufe I. Hrsg. von Norbert Hopster. Paderborn: Schöningh 1984.

Helmers, Hermann: Didaktik der deutschen Sprache. Einführung in die Theorie der muttersprachlichen und literarischen Bildung. Dokumentation und Neuausgabe hrsg. von Juliane Eckhardt u. a. 2. Aufl. Darmstadt: Wissenschaftliche Buchgesellschaft 1997.

Kreft, Jürgen: Grundprobleme der Literaturdidaktik. Eine Fachdidaktik im Konzept sozialer und individueller Entwicklung und Geschichte. 2., verb. Aufl. Heidelberg: Quelle & Meyer 1982.

Leubner, Martin, Anja Saupe, Matthias Richter: Literaturdidaktik. Berlin: Akademie 2010.

Lexikon zum Deutschunterricht. Mit einem Glossar. Hrsg. von Ernst Nündel. 3. Aufl. Weinheim: Beltz 2002.

Literaturdidaktik – Lektürekanon – Literaturunterricht. Hrsg. von Detlef C. Kochan. Amsterdam: Rodopi 1990.

Müller-Michaels, Harro: Deutschkurse. Modell und Erprobung angewandter Germanistik in der gymnasialen Oberstufe. 2., verb. Aufl. Weinheim: Beltz 1994.

Paefgen, Elisabeth: Einführung in die Literaturdidaktik. 2. aktual. u. erw. Aufl. Stuttgart u. Weimar: Metzler 2006.

Rupp, Gerhard: Kulturelles Handeln mit Texten. Fallstudien aus dem Schulalltag. Paderborn: Schöningh 1987.

Schuster, Karl: Einführung in die Fachdidaktik Deutsch. 10. Aufl. Baltmannsweiler: Schneider-Verlag 2003.

Taschenbuch des Deutschunterrichts. 2 Bde. Hrsg. von Günter Lange, Karl Neumann, Werner Ziesenis. 8., unveränd. Aufl. Baltmannsweiler: Schneider-Verlag 2003.

Taschenbuch des Deutschunterrichts. 3 Bde. Hrsg. von Volker Frederking u.a. Baltmannsweiler: Schneider-Verlag 2013 f.

Taschenlexikon der Literatur- und Sprachdidaktik. Hrsg. von Karl Stocker. 2. Aufl. Frankfurt am Main: Scriptor 1987.

Waldmann, Günter: Produktiver Umgang mit Lyrik. Eine systematische Einführung in die Lyrik, ihre produktive Erfahrung und ihr Schreiben. Für Schule (Primar- und Sekundarstufe) und Hochschule sowie zum Selbststudium. 10. Aufl. Baltmannsweiler: Schneider-Verlag 2008.

10.4 Lexika und Wörterbücher

10.4.1 Wörterbücher

Adelung, Johann Christoph: Grammatisch-kritisches Wörterbuch der Hochdeutschen Mundart, mit beständiger Vergleichung der übrigen Mundarten, besonders aber der Oberdeutschen. 4 Bde. Hildesheim: Olms 1990 (= Reprint der 2., verm. u. verb. Ausg. Leipzig 1793–1801). (vgl. www.woerterbuchnetz.de). [Wichtige Quelle für die Erschließung sprachgeschichtlicher Sachverhalte.]

Bayle, Pierre: Historisches und Critisches Wörterbuch. Nach der neuesten Auflage von 1740 ins Deutsche übersetzt; auch mit einer Vorrede und verschiedenen Anmerkungen versehen von Johann Christoph Gottsched. 4 Bde. Mit einem Vorwort von Erich Beyreuther. 2. Nachdruckauflage. Hildesheim: Olms 1997 (= Reprint d. Ausg. Leipzig 1741–1744).

Campe, Joachim Heinrich: Wörterbuch der deutschen Sprache. 6 Bde. Mit einer Einführung und Bibliographie von Helmut Henne. Hildesheim: Olms 2000 (= 2. Reprint d. Ausg. Braunschweig 1807–1813).

dtv-Wörterbuch der deutschen Sprache. Hrsg. von Renate Wahrig-Burfeind u. Gerhard Wahrig. 6. Aufl. München: dtv 2016.

Etymologisches Wörterbuch des Deutschen. Erarb. unter der Leitung von Wolfgang Pfeiffer. 8. Aufl. d. Taschenbuchausgabe. München: dtv 2005.

Grimm, Jacob und Wilhelm Grimm: Deutsches Wörterbuch [GDW]. München: dtv 1999 (= Reprint d. Aufl. Leipzig 1854–1960) (vgl. www.woerterbuchnetz.de). [Wichtigste Quelle für sprachgeschichtliche Recherchen. Das Blättern in diesem lebendigen Museum der Wörter bietet ein großes Lesevergnügen.]

Hermann, Ursula: Knaurs etymologisches Lexikon. Herkunft und Geschichte von 10000 Wörter unserer Gegenwartssprache. 7. Aufl. München: Droemer Knaur 1995.

Heyne, Moritz: Deutsches Wörterbuch. 3 Bde. Mit einer Einführung und Bibliographie v. Gerhard Wahrig. Hildesheim: Olms 1970 (= Reprint d. 2. Aufl. Leipzig 1905–1906).

Kluge, Friedrich: Etymologisches Wörterbuch der deutschen Sprache. 24. Aufl. [...] völlig neu bearb. v. Elmar Seebold. Berlin: de Gruyter 2002.

Paul, Hermann: Deutsches Wörterbuch. Bearb. v. Helmut Henne u. Georg Objartel. 10. Aufl. Tübingen: Niemeyer 2002.

Pauly-Wissowa: Realencyclopädie der classischen Altertumswissenschaft. Neue Bearb. 68 Halbbände, 15 Suppl.-Bde. Reg.-Bd. Stuttgart: Metzler (1964 ff.: Druckenmüller) 1894 ff.

Trübners Deutsches Wörterbuch. 8 Bde. Begr. v. Alfred Götze. [...] hrsg. von Walther Mitzka. Berlin: de Gruyter 1939–1957.

10.4.2 Ältere Enzyklopädien

Allgemeine Enzyklopädie der Wissenschaften und Künste. Hrsg. von Johann Samuel Ersch u. Johann Georg Gruber. Sect. 1, Th. 1–99 (A–G), Sect. 2, Th. 1–43 (H–Ligatur), Sect. 3, Th. 1–25 (O–Phyxios). Graz: Akademische Druck- und Verlagsanstalt 1969 ff. (= Reprint d. Ausg. Leipzig 1818–1889). (vgl. www.ersch-gruber.de). [Das größte, leider nie ganz fertiggestellte enzyklopädische Projekt des 19. Jahrhunderts.]

Brockhaus' Conversations-Lexikon. Allgemeine deutsche Real-Enzyclopädie. 16 Bde. 14., vollst. umgearb. Aufl. Leipzig: Brockhaus 1898.

Krünitz, Johann Georg: Ökonomisch-technologische Enzyklopädie. 242 Bde. Berlin: Pauli 1773–1858 (vgl. http://www.kruenitz1.uni-trier.de).

Meyers Großes Konversations-Lexikon. Ein Nachschlagewerk des allgemeinen Wissens. 20 Bde. u. 4 Bde. Nachträge. 6., gänzlich neu bearb. u. verm. Aufl. Leipzig: Bibliographisches Institut 1902–1913 (vgl. www.woerterbuchnetz.de).

Pierers Universal-Conversations-Lexikon. Neuestes encyklopädisches Wörterbuch aller Wissenschaften, Künste u. Gewerbe. 18 Bde. 6., vollst. umgearb. Aufl. Oberhausen u. Leipzig: Spaarmann 1875–1879.

Zedler, Johann Heinrich: Grosses vollständiges Universal-Lexikon. 64 Bde. u. 4 Suppl.-Bde. 2., vollst. photomech. Nachdruck. Graz: Akademische Druck- und Verlagsanstalt 1993–1999. (= Reprint d. Ausg. Leipzig u. Halle 1732–1754) (vgl. http://www.zedler-lexikon.de). [Hilfreiche Quelle für die Erschließung von historischen Realia, die dem heutigen Leser bei der Lektüre älterer Texte begegnen und oft zu Verständnisschwierigkeiten führen.]

10.4.3 Lexika, Handbücher, Sachwörterbücher

Allgemeines Lexikon der bildenden Künstler von der Antike bis zur Gegenwart. Begr. v. Ulrich Thieme u. Felix Becker. Red. u. hrsg. von Hans Vollmer. 37 Bde. Leipzig: Seemann 2006 (= unveränd. Nachdr. der Orig.-Ausg. Leipzig 1907–1950).

Ästhetische Grundbegriffe. Historisches Wörterbuch in sieben Bänden. Hrsg. von Karlheinz Barck, Martin Fontius, Dieter Schlenstedt, Burkhart Steinwachs, Friedrich Wolfzettel. Stuttgart u. Weimar: Metzler 2000 – 2005.

Best, Otto F.: Handbuch literarischer Fachbegriffe. Definitionen u. Beispiele. 8. Aufl. Frankfurt am Main: Fischer 2008.

Braak, Ivo: Gattungsgeschichte deutschsprachiger Dichtung in Stichworten. Teil Ia: Dramatik. Von der Antike bis zur Romantik. 2. Aufl. Kiel: Hirt 1981. Teil Ib: Dramatik. Vom Biedermeier bis zur Gegenwart. 2. Aufl. Kiel: Hirt 1981. Teil IIa: Lyrik. Von der Antike bis 1600. Kiel: Hirt 1978. Teil IIb: Lyrik. Vom Barock bis zur Romantik. Kiel: Hirt 1979. Teil IIc: Lyrik. Vom Biedermeier bis zum Expressionismus. Kiel: Hirt 1981. Teil IId: Lyrik des 20. Jahrhunderts: Vom Expressionismus bis in die 90er Jahre. Kiel: Hirt 1995.

Brockhaus Riemann: Musiklexikon in vier Bänden und einem Ergänzungsband. Hrsg. von Carl Dahlhaus, Hans Heinrich Eggebrecht u. Kurt Oehl. Mainz: Schott 2001.

Daemmrich, Horst S. u. Ingrid: Themen und Motive in der Literatur. Ein Handbuch. 2., überarb. u. erw. Aufl. Tübingen: Francke 1995.

Deutsche Philologie im Aufriß. Unter Mitarb. zahlr. Fachgelehrter hrsg. von Wolfgang Stammler. 3 Bde. u. Reg.-Bd. 2. Aufl. Berlin: Erich Schmidt 1969. Nachdruck 1986.

Deutsches Sprichwörter-Lexikon. Ein Hausschatz für das deutsche Volk. Hrsg. von Karl Friedrich Wilhelm Wander. 5 Bde. Kettwig: Akademische Verlags-Ges. Athenaion 1987 (= Reprint d. Ausg. Leipzig 1867–1880, vgl. www.woerterbuchnetz.de).

Doll, Hans Peter u. Günther Erken: Theater. Eine illustrierte Geschichte des Schauspiels. Stuttgart: Belser 1985.

Engelhardt, Klaus u. Volker Roloff: Daten der französischen Literatur. 2 Bde. 3. Aufl. München: dtv 1987.

Engler, Winfried: Lexikon der französischen Literatur. 3., verb. u. erw. Aufl. Stuttgart: Kröner 1994.

Enzyklopädie des Märchens. Handwörterbuch zur historischen und vergleichender Erzählforschung. Begr. von Kurt Ranke. Hrsg. von Rolf Wilhelm Brednich. Berlin/New York: de Gruyter 1977–2014. [Das enzyklopädische Grundlagenwerk zur Erforschung volkstümlicher Erzählkunst.]

Enzyklopädie der Neuzeit. 16 Bde. Hrsg. von Friedrich Jaeger im Auftrag des Kulturwissenschaftlichen Instituts (Essen) und in Verbindung mit den Fachherausgebern. Stuttgart/Weimar: Metzler 2005–2012. [Das Grundlagenwerk erschließt die europäische Kulturgeschichte von 1450 bis 1850 in Einzelartikeln.]

Fischer Lexikon Literatur. 3 Bde. Hrsg. von Ulfert Ricklefs. Frankfurt am Main: Fischer 2002.

Frenzel, Elisabeth: Motive der Weltliteratur. Ein Lexikon dichtungsgeschichtlicher Längsschnitte. 6., überarb. u. erg. Aufl. Stuttgart: Kröner 2008.

Frenzel, Elisabeth: Stoffe der Weltliteratur. Ein Lexikon dichtungsgeschichtlicher Längsschnitte. 10., überarb. u. erw. Aufl. Stuttgart: Kröner 2005.

Geschichtliche Grundbegriffe. Historisches Lexikon zur politisch-sozialen Sprache in Deutschland. 8 Bde. Hrsg. von Otto Brunner, Werner Conze u. Reinhart Koselleck. Stuttgart: Klett-Cotta 2004.

Gfrereis; Heike (Hg.): Grundbegriffe der Literaturwissenschaft. Stuttgart: Metzler 2001.

Göttert, Karl-Heinz: Einführung in die Rhetorik. 3. Aufl. München: Fink 1998.

Greiner-Mai, Herbert: Kleines Wörterbuch der Weltliteratur. 3., unveränd. Aufl. Leipzig: Bibliographisches Institut 1990.

Haberkern, Eugen u. Josef Friedrich Wallach: Hilfswörterbuch für Historiker. Mittelalter u. Neuzeit. 2 Bde. 9. Aufl. Tübingen: Francke 2001.

Handlexikon zur Literaturwissenschaft. 2 Bde. Hrsg. von Diether Krywalski. 2. Aufl. Reinbek bei Hamburg: Rowohlt 1978.

Handwörterbuch des deutschen Aberglaubens. Hrsg. von Hans Bächtold-Stäubli. 10 Bde. 3. Aufl. Mit einem neuen Vorwort von Christoph Daxelmüller. Berlin: de Gruyter 2000. [Methodisch veraltet, aber immer noch ein lehrreiches Kompendium zur Volkskultur.]

Historisches Wörterbuch der Philosophie. Hrsg. von Joachim Ritter u. Karlfried Gründer. 12 Bde. u. ein Registerband. Darmstadt: Wissenschaftliche Buchgesellschaft 1971–2007.

Historisches Wörterbuch der Rhetorik. Hrsg. von Gert Ueding. 10 Bde. u. ein Ergänzungsband. Tübingen: Niemeyer 1992–2011. [Wer sich vertieft mit den Begriffen der Rhetorik befasst, sollte dieses Wörterbuch konsultieren.]

Der kleine Pauly. Lexikon der Antike in 5 Bdn. Hrsg. von Konrad Ziegler, Walter Sontheimer u. Hans Gärtner. München: dtv 1980.

Knaurs Lexikon der Weltliteratur. Autoren, Werke, Sachbegriffe. Hrsg. von Diether Krywalski. Aktual. u. neu bearb. Aufl. München, Zürich: Droemer Knaur 1995.

Knörrich, Otto: Formen der Literatur. 2., überarb. Aufl. Stuttgart: Kröner 1991.

Knörrich, Otto: Lexikon lyrischer Formen. 2. Aufl. Stuttgart: Kröner 2005.

Lexikon der Kunst. Architektur, bildende Kunst, angewandte Kunst, Industriegestaltung, Kunsttheorie. Neubearbeitung. Leitung: Harald Olbrich. 2. Aufl. Leipzig: Seemann 2004.

Lexikon für Theologie und Kirche [LThK]. 10 Bde. u. ein Registerband. 3., völlig neu bearb. Aufl. Hrsg. von Walter Kaspar. Freiburg: Herder 1993–2001.

Metzler Lexikon literarischer Symbole. Hrsg. von Günter Butzer u. Joachim Jacob. 2., erw. Aufl. Stuttgart: Metzler 2012.

Metzler Lexikon Literatur- und Kulturtheorie: Ansätze, Personen, Grundbegriffe. Hrsg. von Ansgar Nünning. 5. Aufl. Stuttgart/Weimar: Metzler 2013.

Metzler Lexikon Literatur. Hrsg. von Dieter Burdorf, Christoph Fasbender u. Burkhard Moennighoff. 3. Aufl. Stuttgart/Weimar: Metzler 2007.

Metzler Lexikon Sprache. Hrsg. von Helmut Glück. 4. aktual. Aufl. Stuttgart/Weimar: Metzler 2010.

Moderne Literatur in Grundbegriffen. Hrsg. von Dieter Borchmeyer u. Viktor Žmegač. 2., neu bearb. Aufl. Tübingen: Niemeyer 1994.

Die Musik in Geschichte und Gegenwart [MGG]. Allgemeine Enzyklopädie der Musik. Begr. v. Friedrich Blume. 2., neu bearb. Ausg. Hrsg. von Ludwig Finscher. Sachteil in 9 Bdn. u. e. Reg.-Bd. Personenteil in 17 Bdn. Kassel: Bärenreiter; Stuttgart: Metzler: 1994–2007.

Propyläen Kunstgeschichte in achtzehn Bänden und fünf Supplementbänden. Hrsg. unter Beratung von Kurt Bittel u. a. Berlin: Propyläen 1985 (Nachdr. der Ausg. Berlin 1966–1983).

Reallexikon der deutschen Literaturgeschichte. Begr. v. Paul Merker, Wolfgang Stammler. 2., neu bearb. Aufl. Hrsg. von Werner Kohlschmidt, Klaus Kanzog, Achim Masser, Wolfgang Mohr. 4 Bde., 1 Reg.-Bd. Berlin: de Gruyter 1958–1984, 1988 (Nachdruck 2001). [Faktenreiches Lexikon.]

Reallexikon der deutschen Literaturwissenschaft. Neubearbeitung des Reallexikons der deutschen Literaturgeschichte. Hrsg. von

Georg Braungart, Harald Fricke, Klaus Grubmüller, Jan-Dirk Müller, Friedrich Vollhardt, Klaus Weimar. 3 Bde. Berlin: de Gruyter 1997–2003. [Die lexikografische Frucht der analytischen Literaturwissenschaft. Die Fachsprache der Literaturwissenschaft wird präzis und systematisch rekonstruiert. Sehr zu empfehlen.]

Reallexikon zur deutschen Kunstgeschichte. Begr. v. Otto Schmitt. Stuttgart: Metzler/Stuttgart: Druckenmüller/München: Beck 1937 ff. – Im Druck erschienen: Bd. 1–10. (Vgl. www.rdklabor.de).

Die Religion in Geschichte und Gegenwart [RGG]. Handwörterbuch für Theologie und Religionswissenschaft. 4. Aufl. Hrsg. von Hans Dieter Betz. Tübingen: Mohr 1998–2005.

Rinsum, Annemarie u. Wolfgang van: Lexikon literarischer Gestalten. Bd. I: Deutschsprachige Literatur. 2., durchges. Aufl. Stuttgart: Kröner 1993. Bd. II: Fremdsprachige Literatur. Stuttgart: Kröner 1990.

Sachwörterbuch zur deutschen Literatur. Durchges. u. verb. Aufl. Hrsg. von Volker Meid. Stuttgart: Reclam 2001.

Schmitt, Franz Anselm: Stoff- und Motivgeschichte der deutschen Literatur. Eine Bibliographie. Begr. v. Kurt Bauerhorst. 3., neu bearb. und stark erw. Aufl. Berlin: de Gruyter 1976.

Schneider, Georg: Die Schlüsselliteratur. 3 Bde. Stuttgart: Hiersemann 1951–1953.

Sowinski, Bernhard: Stilistik. Stiltheorien und Stilanalysen. 2., überarb. u. aktual. Aufl. Stuttgart: Metzler 1999.

Theaterlexikon. 1. Begriffe und Epochen, Bühnen und Ensembles. Hrsg. von Manfred Brauneck u. Gérard Schneilin. 5., überarb. u. erw. Neuausgabe. Reinbek bei Hamburg: Rowohlt 2007.

Theaterlexikon 2. Schauspieler und Regisseure, Bühnenleiter, Dramaturgen und Bühnenbildner. Hrsg. von Manfred Brauneck u. Wolfgang Beck. Reinbek bei Hamburg: Rowohlt 2007.

Wilpert, Gero von: Sachwörterbuch der Literatur. 8., verb. u. erw. Aufl. Stuttgart: Kröner 2001.

Wörterbuch der Kunst. Begr. v. Johannes Jahn, fortges. v. Wolfgang Haubenreisser. 13. Aufl. Stuttgart: Kröner 2008.

Wörterbuch der Literaturwissenschaft. Hrsg. von Claus Träger. 2. Aufl. Leipzig: Bibliographisches Institut 1989.

Wörterbuch der Symbolik. Hrsg. von Manfred Lurker. 5., durchges. u. erw. Aufl. Stuttgart: Kröner 1991.

Wörterbuch zur Geschichte. Begriffe und Fachausdrücke. Hrsg. von Erich Bayer. 5., neugestaltete u. erw. Aufl. Stuttgart: Kröner 1995.

10.4.4 Autoren- und Werklexika

Allgemeine Deutsche Biographie [ADB]. Hrsg. durch die historische Commission bei der Königl. Akademie der Wissenschaften. Bd. 1–56. Leipzig: Duncker & Humblot 1875–1912. Unveränd. Nachdr. Berlin: Duncker & Humblot 1981. (Vgl. http://www.deutsche-biographie.de).

Autorenlexikon deutschsprachiger Literatur des 20. Jahrhunderts. Hrsg. von Manfred Brauneck. Überarb. u. erw. Neuausgabe. Reinbek bei Hamburg: Rowohlt 1995.

Brinker-Gabler, Gisela, Karola Ludwig u. Angela Wöffen: Lexikon deutschsprachiger Schriftstellerinnen von 1800 bis 1945. München: dtv 1986.

Brümmer, Franz: Lexikon der deutschen Dichter und Prosaisten vom Beginn des 19. Jahrhunderts bis zur Gegenwart. 8 Bde. 6., völlig neu bearb. u. stark verm. Aufl. Nendeln: Kraus 1975 (= Nachdruck der Ausgabe Leipzig 1913).

Deutsche Dichterinnen vom 16. Jahrhundert bis zur Gegenwart. Gedichte und Lebensläufe. Mit Abbildungen. 3. Aufl. Hrsg. von Gisela Brinker-Gabler. Frankfurt am Main: Fischer 1991.

Die deutsche Literatur des Mittelalters. Verfasserlexikon. Begr. v. Wolfgang Stammler. 2., völlig neu bearb. Aufl. Hrsg. von Burghart Wachinger u. a. Berlin, New York: de Gruyter 1978–2008.

Deutsches Biographisches Archiv [DBA]. Neue Folge bis zur Mitte des 20. Jahrhunderts. Eine Kumulation aus 265 der wichtigsten biographischen Nachschlagewerke für den deutschen Bereich. – Microfiche-Edition. – Hrsg. von Bernhard Fabian. Bearb. u. d. Leit. v. Willi Gorzny. München: Saur 1989 ff.

Deutsches Literatur-Lexikon. Biographisch-bibliographisches Handbuch. Begr. von Wilhelm Kosch. 3., völlig neu bearb. Aufl.

hrsg. von Hubert Herkommer (Mittelalter) u. Carl Ludwig Lang (Neuzeit). Bern: Francke 1968–1992 (Bd. 1–14)/Bern u. München: Saur 1993–2008. (Bd. 15–28) u. Berlin/New York: de Gruyter 2009ff.– Bislang erschienen Bd. 1–36 (A–Zasius).

Deutsches Theater-Lexikon. Hrsg. von Wilhelm Kosch. Ab Bd. 3 fortges. von Ingrid Bigler-Marshall. Bd. 1–2 Klagenfurt: Kleinmayr 1953–1960/Bd. 3. Bern: Francke 1992/Bd. 4–6. Bern: Saur 1998–2008/Bd. 7. Berlin/New York: de Gruyter 2012.

Friedrichs, Elisabeth: Die deutschsprachigen Schriftstellerinnen des 18. und 19. Jahrhunderts. Ein Lexikon. Stuttgart: Metzler 1981.

Giebisch, Hans u. Gustav Guglitz: Bio-Bibliographisches Literaturlexikon Österreich. Von den Anfängen bis zur Gegenwart. 2. Aufl. Wien: Hollinek 1985.

Harenberg Lexikon der Weltliteratur. Autoren – Werke – Begriffe. Hrsg. von François Bondy u. a. 5 Bde. Vollst. überarb. u. aktual. Studienausgabe. Dortmund: Harenberg 1994.

Jördens, Karl Heinrich: Lexikon deutscher Dichter und Prosaisten. 5 Bde., 1 Suppl.-Bd. Hildesheim: Olms 1970 (= Neudruck d. Aufl. Leipzig 1806–1811).

Kinder- und Jugendliteratur: Autoren, Illustratoren, Verlage, Begriffe. Begr. von Alfred C. Baumgärtner. Hrsg. von Kurt Franz. Loseblattsammlung. Meitingen: Corian 1995 ff.

Kindlers Literatur Lexikon. Deutsche Ausgabe begr. v. Wolfgang von Einsiedel. 8 Bde. München: Kindler 1965–1974.

Kindlers Neues Literatur Lexikon. Studienausgabe. Hrsg. von Walter Jens. 20 Bde. u. 2 Ergänzungsbde. München: Kindler 1996/1998.

Kindlers Literaturlexikon. Hrsg. von Heinz Ludwig Arnold. 3., völlig neu bearb. Aufl. 18 Bde. Stuttgart/Weimar 2009.

Kritisches Lexikon zur deutschsprachigen Gegenwartsliteratur [KLG]. Hrsg. von Heinz Ludwig Arnold. Loseblattsammlung. München: edition text und kritik 1983 ff.

Kritisches Lexikon zur fremdsprachigen Gegenwartsliteratur [KLfG]. Hrsg. von Heinz Ludwig Arnold. Loseblattsammlung. München: edition text und kritik 1983 ff.

Kritisches Lexikon der romanischen Gegenwartsliteraturen [KLRG]. Hrsg. von Wolf-Dieter Lange. Loseblattsammlung. Tübingen: Narr 1982 ff.

Kürschners Deutscher Literatur-Kalender. 68. Jahrgang. Berlin/ New York: de Gruyter 2012.

Lennartz, Franz: Deutsche Dichter und Schriftsteller unserer Zeit. Einzeldarstellungen zur Schönen Literatur in deutscher Sprache. 11., erw. Aufl. Stuttgart: Kröner 1978.

Lexikon der deutschsprachigen Gegenwartsliteratur. Begr. v. Hermann Kunisch. Fortführung: Herbert Wiesner. Neu hrsg. von Thomas Kraft. München: Nymphenburger 2003.

Lexikon der Kinder- und Jugendliteratur. Hrsg. von Klaus Doderer. 3 Bde. u. Erg.-Bd. Weinheim: Beltz 1995 (= Nachdruck der Sonderausgabe 1984).

Lexikon der Weltliteratur: Hrsg. von Gero v. Wilpert. Bd. 1: Biobibliographisches Handwörterbuch nach Autoren und anonymen Werken. 4. Aufl. Stuttgart: Kröner 2004. Bd. 2: Hauptwerke der Weltliteratur in Charakteristiken und Kurzinterpretationen. 4. Aufl. Stuttgart: Kröner 2004.

Lexikon deutschsprachiger Schriftsteller. Hrsg. von Günter Albrecht, Kurt Böttcher u. a. Bd. 1: Von den Anfängen bis zum Ausgang des 19. Jahrhunderts. Neubearb.: Kurt Böttcher u. a. Hildesheim: Olms 1999 (= Nachdruck der Ausg. Leipzig 1987). Bd. 2: 20. Jahrhundert. Hrsg. von Kurt Böttcher u. a. Hildesheim: Olms 1993.

Literaturbrockhaus in 8 Bdn. Hrsg. von Werner Habicht u. a. Grundleg. überarb. u. erw. Taschenbuchausgabe. Mannheim: Bibliographisches Institut 1995.

Literatur Lexikon. Autoren und Werke deutscher Sprache. 15 Bde. Hrsg. von Walter Killy. Gütersloh, München: Bertelsmann Lexikon Verlag 1988–1993. (Neuauflage als: Killy Literaturlexikon).

Metzler Autoren Lexikon. Deutschsprachige Dichter und Schriftsteller vom Mittelalter bis zur Gegenwart. Hrsg. von Bernd Lutz u. Benedikt Jeßing. 4. Aufl. Stuttgart/Weimar: Metzler 2010.

Meusel, Johann Georg: Lexikon der vom Jahr 1750 bis 1800 verstorbenen teutschen Schriftsteller. 15 Bde. Hildesheim: Olms 1989 (= Neudruck d. Aufl. Leipzig 1802–1816).

Neue Deutsche Biographie [NDB]. Hrsg. von d. Histor. Kommission bei d. Bayr. Akademie d. Wissenschaften. Berlin: Duncker & Humblot 1953 ff. – Bislang erschienen: Bd. 1–25 (A–Tecklenborg). (vgl. http://www.deutsche-biographie.de)

Neue Literatur der Frauen. Deutschsprachige Autorinnen der Gegenwart. Mit e. einleitenden Essay v. Elisabeth Endres. Hrsg. von Heinz Puknus. München: Beck 1980.

Neues Handbuch der deutschen Gegenwartsliteratur seit 1945. Begr. von H. Kunisch. Hrsg. von Dietz-Rüdiger Moser. Aktual. Aufl. München: dtv 1993.

Raabe, Paul: Die Autoren und Bücher des literarischen Expressionismus. Ein bibliographisches Handbuch. 2., verb. u. um Erg. u. Nachtr. 1985–1990 erw. Aufl. Stuttgart: Metzler 1992.

Schmid-Bortenschlager, Sigrid u. Hanna Schnedl-Bubenicek: Österreichische Schriftstellerinnen 1880–1938. Eine Bio-Bibliographie. 2. Aufl.Stuttgart: Heinz 1986.

Schweiz, Suisse, Svizzeria, Cvizra. Schriftsteller der Gegenwart. Hrsg. vom Schweizerischen Schriftstellerverband. Bern: Verbandsdruckerei 1978.

Wilpert, Gero v.: Deutsches Dichterlexikon. Biobibliographisches Handwörterbuch zur deutschen Literaturgeschichte. 3., erw. Aufl. Stuttgart: Kröner 1988.

Woods, Jean M. u. Maria Fürstenwald: Schriftstellerinnen, Künstlerinnen und gelehrte Frauen des deutschen Barocks. Ein Lexikon. Stuttgart: Metzler 1984.

10.5 Bibliografien

10.5.1 Fachbibliografien

Ahnert, Heinz-Jörg: Deutsches Titelbuch 2. Ein Hilfsmittel zum Nachweis von Verfassern deutscher Literaturwerke 1915–1965 mit Nachträgen und Berichtigungen zum Deutschen Titelbuch 1 für die Zeit von 1900 bis 1914. Berlin: Haude & Spener 1966.

Bibliographie der deutschen Sprach- und Literaturwissenschaft. Begr. v. Hanns W. Eppelsheimer, fortgef. v. Clemens Köttelwesch.

Hrsg. von Volker Michel. Frankfurt am Main: Klostermann 1957 ff. [Eine der wichtigsten Quellen bei der Recherche von Sekundärliteratur. Die Jahrgänge 1985 bis 2000 kann man einsehen unter www.bdsl-online.de].

Bibliographie Deutschunterricht. Zusammengestellt v. Dietrich Boueke, Rüdiger Frommholz, Ulrich Nassen, Werner Psaar, Brigitte Röttger. 3., überarb. u. erg. Aufl. Paderborn: Schöningh 1978.

Bibliographie Deutschunterricht 1977–1984. Erg.-Bd. z. 3. Aufl. Auswahlverzeichnis. Hrsg. von Dietrich Boueke. Paderborn: Schöningh 1984.

Bibliographie der Editionen und Reprints zur Mittleren Deutschen Literatur für den Zeitraum 1960–1986. Bearb. v. Jörg Jungmayr u. a. In: editio. Internat. Jahrbuch f. Editionswissenschaft 1 (1987), S. 34–128.

Bibliographisches Handbuch der deutschen Literaturwissenschaft. 1945–1969/1972. 3 Bde. Hrsg. von Clemens Köttelwesch unter Mitarb. von H. Hüttemann u. C. Maihofer. Frankfurt am Main: Klostermann 1973–1979.

Butt, Irene u. Monika Eichler: Bibliographie Sprache und Literatur. Deutschsprachige Hochschulschriften und Veröffentlichungen außerhalb des Buchhandels 1966–1980. 8 Bde. München: Saur 1991–1992.

Drews, Axel, Ute Gerhard, Jürgen Link: Moderne Kollektivsymbolik. Eine diskurstheoretisch orientierte Einführung mit Auswahlbibliographie. In: IASL (1985), S. 256–375.

Duehmert, Anneliese: Von wem ist das Gedicht? Eine bibliographische Zusammenstellung aus fünfzig deutschsprachigen Anthologien. Wiesbaden: VMA 1997 (= Nachdruck der Ausg. Berlin 1969).

Frels, Wilhelm: Deutsche Dichterhandschriften von 1400–1900. Gesamtkatalog d. eigenhändigen Handschriften deutscher Dichter in den Bibliotheken u. Archiven Deutschlands, Österreichs, d. Schweiz u. d. CSR. Leipzig: Hiersemann 1934. Neudruck Stuttgart: Hiersemann 1970.

Fundbuch der Gedichtinterpretationen. Hrsg. von Wulf Segebrecht. Paderborn: Schöningh 1997.

Germanistik. Internationales Referatenorgan mit bibliographischen Hinweisen. Tübingen: Niemeyer 1960 ff. [Eine der wichtigsten Quellen bei der Recherche von Sekundärliteratur.]

Germanistik in Festschriften von den Anfängen (1877) bis 1973. Verzeichnis germanist. Festschriften u. Bibliographie d. darin abgedruckten germanist. Beiträge. Bearb. v. Ingrid Hannich-Bode. Stuttgart: Metzler 1976.

Goedeke, Karl: Grundriß zur Geschichte der deutschen Dichtung. Aus den Quellen. 2. bzw. 3., ganz neu bearb. Aufl. Dresden: Ehlermann/Berlin: Akademie-Verlag 1884–1966.

Goedekes Grundriß zur Geschichte der deutschen Dichtung. Neue Folge. Fortführung von 1830 bis 1880. Hrsg. von d. Deutschen Akademie d. Wissenschaften zu Berlin. Bearb. v. Georg Minde-Pouet u. Eva Rothe. Bd. 1. Berlin: Akademie-Verlag 1962.

Grundriß zur Geschichte der deutschen Dichtung aus den Quellen. Index. Bearb. v. Hartmut Rambaldo. Nendeln: Kraus 1975.

Handbuch der deutschen Literaturgeschichte. Zweite Abteilung: Bibliographien. Bd. 1 ff. Hrsg. von Paul Stapf. Bern: Francke 1970 ff.

Handbuch der Editionen. Deutschsprachige Schriftsteller Ausgang des 15. Jahrhunderts bis zur Gegenwart. Bearb. v. Waltraut Hagen (Leitung u. Gesamtredaktion), Inge Jensen, Edith Nahler. Berlin: Volk und Wissen 1979. Lizenzausgabe München: Beck 1979. 2. Aufl. 1981.

Hirschberg, Leopold: Der Taschengoedeke. Bibliographie deutscher Erstausgaben. 2. Aufl. nach d. v. Elisabeth Friedrichs durchges. u. erg. Neudruck. Stuttgart: Cotta 1961. München: dtv 1990.

Internationale Bibliographie zu Geschichte und Theorie der Komparatistik. Hrsg. von Hugo Dyserinck und Manfred S. Fischer. Stuttgart: Hiersemann 1985.

Internationale Bibliographie zur Geschichte der deutschen Literatur von den Anfängen bis zur Gegenwart. Gesamtredaktion: Günther Albrecht u. Günter Dahlke. 3 Teile in 4 Bdn. Berlin: Aufbau 1969–1977/München: Saur 1970–1977. – 2 Erg.-Bde. für 1965–1974. München: Saur 1984.

Klotz, Aiga: Kinder- und Jugendliteratur in Deutschland 1840–1950. Gesamtverzeichnis der Veröffentlichungen in deutscher Sprache. 5 Bde. u. 2 Registerbde. Stuttgart: Metzler 1990–2000.

Körner, Josef: Bibliographisches Handbuch des deutschen Schrifttums. Unveränd. Nachdr. d. 3., völlig umgearb. u. wesentl. verm. Aufl. Bern: Francke 1966.

MLA International Bibliography of Books and Articles on the Modern Languages and Literatures. Vol. 1 (1921) ff. New York: Modern Language Association 1922 ff.

Opera Omnia. Dichter und Denker der Welt in Gesamtausgaben. 4. Aufl. Berlin: Elwert und Meurer 1972.

Paschek, Carl: Bibliographie germanistischer Bibliographien. 1976. Beschreibendes Auswahlverzeichnis germanistischer Sach- u. Personalbibliographien. In: Jahrbuch f. Internat. Germanistik 9 (1977) H. 1, S. 146–174 [Fortsetzungen 1977 ff., zuletzt 34 (2002) H. 2, S. 369–385].

Schlepper, Reinhard: Was ist wo interpretiert? Eine bibliograph. Handreichung f. d. Lehrfach Deutsch. 8., völlig überarb. Aufl. Paderborn: Schöningh 1992.

Schmidt, Heiner: Quellenlexikon zur deutschen Literaturgeschichte: Personal- und Einzelwerkbibliographien der internat. Sekundärlit. 1945–1990 zur deutschen Lit. von den Anfängen bis zur Gegenwart. 34 Bde. Duisburg: Verlag für pädagogische Dokumentation 1994–2003 (auch auf CD-ROM). [Hilfreich bei der Recherche von Forschungsliteratur.]

Schneider, Max: Deutsches Titelbuch. Ein Hilfsmittel zum Nachweis von Verfassern deutscher Literaturwerke. 2., verb. u. verm. Aufl. Berlin: Haude & Spener 1927. Neudruck Berlin: Haude & Spener 1965.

Wilpert, Gero von u. Adolf Gühring: Erstausgaben deutscher Dichtung. E. Bibliographie z. deutschen Literatur 1600–1990. 2., vollst. überarb. Aufl. Stuttgart: Kröner 1992.

The Year's Work in Modern Language Studies. Vol. 1 (1929) ff. Oxford (später Cambridge) 1931 ff.

10.5.2 Allgemeine Personalbibliografien

Arnim, Max u. Franz Hodes: Internationale Personalbibliographie. 2. Aufl. 5 Bde. Leipzig (später: Stuttgart): Hiersemann 1952–1987.

Hansel, Johannes: Personalbibliographie zur deutschen Literaturgeschichte. Studienausgabe. Neubearb. und Fortf. v. 1966 bis auf d. jüngsten Stand v. Carl Paschek. 2. erw. Aufl. Berlin: Erich Schmidt 1974.

Stock, Karl F., Rudolf Heilinger u. Marylène Stock: Personalbibliographien österreichischer Dichter und Schriftsteller. Von den Anfängen bis zur Gegenwart. Mit Auswahl einschlägiger Bibliographien, Nachschlagewerke, Sammelbibliographien, Literaturgeschichten u. Anthologien. Pullach bei München: Dokumentation 1972.

Wiesner, Herbert, Irena Zˇivsa u. Christoph Stoll: Bibliographien zur deutschen Gegenwartsliteratur. München: Nymphenburger 1970.

10.5.3 Bücherverzeichnisse, Sonderbibliografien

Bibliographie der deutschen Zeitschriften-Literatur mit Einschluß von Sammelwerken. Bd.1–94 Leipzig: Dietrich 1896–1944; Bd. 97–128 Osnabrück: Dietrich 1947/48–1964. Nachdruck New York: Krauss 1961 ff.

Bibliotheca Germanorum Erotica & Curiosa. Verzeichnis der gesamten deutschen erotischen Literatur mit Einschluß der Übersetzungen, nebst Beifügung der Originale. Hrsg. von Hugo Hayn u. Alfred N. Gotendorf. Zugleich 3. verm. Aufl. v. Hugo Hayns „Bibliotheca Germanorum erotica“. 8 Bde. u. Erg.-Bd. 3. Aufl. Hanau: Müller & Kiepenheuer 1968 (= Reprint d. Ausg. München 1912–1929). Register-Bd. Bearb. v. Holger Hansen. Osnabrück: Antiquariat Krämer u. Hansen 1990.

Gesamtverzeichnis des deutschsprachigen Schrifttums [GV] 1700–1910. Bearb. u. d. Leitung v. Peter Geils u. Willi Gorzny. Bibliograph. u. redakt. Beratung: Hans Popst u. Rainer Schöller. 160 Bde. u. 1 Bd. Nachträge. München: Saur 1979–1987.

Gesamtverzeichnis des deutschsprachigen Schrifttums [GV] 1911–1965. Hrsg. von Reinhard Oberschelp. Bearb. u. d. Leitung v. Willi Gornzy. 150 Bde. München: Dokumentation/Saur 1976–1981.

Gesamtverzeichnis des deutschsprachigen Schrifttums außerhalb des Buchhandels 1966–1980. 45 Bde. München: Saur 1988–1991.

Holzmann, Michael u. Hanns Bohatta: Deutsches Anonymen-Lexikon 1501–1926. 7 Bde. Hildesheim: Olms 1984 (= 3. Reprint d. Ausg. Weimar 1902–1928).

Holzmann, Michael u. Hanns Bohatta: Deutsches Pseudonymen-Lexikon. Hildesheim: Olms 1989 (= 3. Reprint d. Ausg. Wien 1906).

Weller, Emil: Lexicon pseudonymorum. Wörterbuch der Pseudonyme aller Zeiten und Völker oder Verzeichnis jener Autoren, die sich falscher Namen bedienten. Hildesheim: Olms 1977 (= Reprint d. 2. Aufl. Regensburg 1886).

Index deutschsprachiger Zeitschriften 1750–1815 [IDZ]. Erstellt durch eine Arbeitsgruppe unter der Leitung von Klaus Schmidt. Hrsg. von d. Akademie der Wissenschaften zu Göttingen. Hildesheim: Olms 1997.

> Ich war zwanzig Jahre lang Professor für Englische Literatur an der Geisteswissenschaftlichen Fakultät der Universität von Buenos Aires. Ich habe meinen Studenten immer gesagt, sie sollten sich wenig um Bibliographien kümmern, keine Kritiken, sondern unmittelbar die Bücher selbst lesen; vielleicht würden sie wenig verstehen, aber immer den Genuß haben, jemandes Stimme zu hören. Für mich ist das Wichtigste an einem Autor seine Intonation, das Wichtigste an einem Buch die Stimme des Autors, die wir vernehmen können.

Jorge Luis Borges: Das Buch. In: Ders.: Die zwei Labyrinthe. München 1990. S. 260.

10.6 Literaturgeschichten

Beutin, Wolfgang, Klaus Ehlert u. a.: Deutsche Literaturgeschichte. Von den Anfängen bis zur Gegenwart. 7., erw. Aufl. Stuttgart: Metzler 2008.

Boyle, Nicholas: Kleine deutsche Literaturgeschichte. München: Beck 2009.

Brenner, Peter J.: Neue deutsche Literaturgeschichte. Vom „Ackermann“ zu Günter Grass. 2., aktual. Aufl. Tübingen: Niemeyer 2004.

Deutsche Literatur. Eine Sozialgeschichte. Von den Anfängen bis zur Gegenwart. 10 Bde. Hrsg. von Horst Albert Glaser. Reinbek bei Hamburg: Rowohlt 1980–1995 und Bern: Haupt 1997.

Deutsche Literatur von Frauen. 2 Bde. Hrsg. von Gisela Brinker-Gabler. München: Beck 1988.

Frauen, Literatur, Geschichte. Schreibende Frauen vom Mittelalter bis zur Gegenwart. Hrsg. von Hiltrud Gnüg u. Renate Möhrmann. Erw. Neuausgabe. Frankfurt am Main: Suhrkamp 2003.

Gervinus, Georg Gottfried: Geschichte der poetischen National-Literatur der Deutschen. 3 Bde. Leipzig: Engelmann 1835–1838.

Gervinus, Georg Gottfried: Neuere Geschichte der poetischen National-Literatur der Deutschen. 2 Bde. Leipzig: Engelmann 1840–1842.

Geschichte der deutschen Literatur von den Anfängen bis zur Gegenwart. Begr. v. Helmut de Boor und Richard Newald. München: Beck 1949 ff. [Die umfangreichste unter den vielen Literaturgeschichten. Insbesondere die Bände zur neueren und neuesten deutschen Literatur bestechen durch Umsicht und Sachverstand der Verfasser.]

Geschichte der deutschen Literatur. 3 Bde. Hrsg. von Ehrhard Bahr. 2., vollst. überarb. u. erw. Aufl. Tübingen: Francke 1998–1999.

Geschichte der deutschen Literatur vom 18. Jahrhundert bis zur Gegenwart. 3 Bde. Hrsg. von Viktor Žmegač. Königstein/Ts.: Athenäum 1978–1984.

Geschichte der deutschen Literatur von den Anfängen bis zur Gegenwart. Hrsg. von Kollektiv für Literaturgeschichte, Verlag Volk und Wissen. 12 Bde. Berlin: Volk und Wissen 1961–1990.

Hansers Sozialgeschichte der deutschen Literatur vom 16. Jahrhundert bis zur Gegenwart. Hrsg. von Rolf Grimminger. 12 Bde. München: Hanser 1980–2009. [zugleich München: dtv].

W. F., Bonn. Es gibt keine gute Literaturgeschichte. Benutzen Sie Nachschlagewerke, auch illustrierte, und Monographien. Kein Mensch kann die gesamte Literatur eines Volkes in sich aufgenommen haben, es sei denn ein Philologe. Aber das hat ja dann mit der Literatur nichts mehr zu tun.

Die Schaubühne 9 (1913). S. 616.

Martini, Fritz: Deutsche Literaturgeschichte. Von den Anfängen bis zur Gegenwart. 19., neu bearb. Aufl. Stuttgart: Kröner 1991.

Propyläen Geschichte der Literatur und Gesellschaft der westlichen Welt. 6 Bde. (Gesamtplan u. Redaktion: Erika Wischer). Berlin: Propyläen 1988.

Schlaffer, Heinz: Die kurze Geschichte der deutschen Literatur. München: dtv 2003. [Die pointiert geschriebene Literaturgeschichte fällt so wohltuend knapp aus, dass sie einem nicht die Zeit für die Lektüre der literarischen Texte nimmt, um die es schließlich geht.]

Wenn ich den Rest meines Eigentums anwandte, um mir die Lehrbücher anzuschaffen, die von meinen neusprachlichen Professoren zu jeder Stunde mit hohem Respekt genannt worden waren, dann mußte es mir ein leichtes sein, durch Selbststudium nachzuholen, was während des Kollegs um keinen Preis in meinen Kopf zu trichtern war.
Ein Wintersemester, in unerschlaffter Arbeit über ihnen zugebracht, mußte mich selbst über die ausschweifendsten Forderungen des Seminars triumphieren lassen.
Und dann besann ich mich, daß ich ja eigentlich brustkrank war. Umso besser. – Dann würde man mich in der Heimatserde betten. Muttertränen würden mein Grab betauen, und vielleicht kam zur Dämmerzeit bisweilen ein Mägdlein – – – ich wußte nur nicht recht welches, denn seit Ottilie Settegast die Erkorene meines annoch unberührten Herzens gewesen war, hatte ich immer auswärts geliebt.

Aber vielleicht blieb mir doch das Leben geschenkt. Und für diesen Fall kaufte ich mir, nach Rücklegung des nötigen Reisegeldes, in der Buchhandlung von Mayer und Müller die hochgelehrten Werke – sie prangen noch heut in meinem Blankenseer Bücherschrank –, in denen die Geschichte der altfranzösischen Dialekte und des Überganges vom Angelsächsischen zum Altenglischen zauberkräftig geschrieben steht.
Mit ihrem Besitz war meine Zukunft gesichert […].

Hermann Sudermann: Das Bilderbuch meiner Jugend. Stuttgart und Berlin 1922. S. 254 f.

11 Vorschlag für eine Handbibliothek

Welche Bücher braucht der angehende Literaturwissenschaftler ständig am Arbeitsplatz? Wie sieht die Minimalausstattung seiner persönlichen Handbibliothek aus?

Die Antwort hängt natürlich stark von den Finanzen ab und auch von den sich abzeichnenden Interessengebieten. Im Folgenden nenne ich einige zentrale und halbwegs erschwingliche Nachschlagewerke (Kurztitel):

Duden Rechtschreibung.
Duden Grammatik.
Ein etymologisches Lexikon.
Fremdwörter-Lexikon.
Fremdsprachen-Wörterbücher (Englisch, Französisch, Latein).
Ein Autorenlexikon (vgl. S. 111–114).
Ein Werklexikon (vgl. S. 111–114).
Eine Literaturgeschichte (vgl. S. 119–121), z. B. Beutin.
Ein Sachwörterbuch (vgl. S. 106–111), z. B. Metzler Lexikon Literatur.
Blinn: Informationshandbuch Deutsche Literaturwissenschaft (vgl. S. 91 f.).

Weitere Titel finden sich in der umfassenderen Bibliografie S. 90–121. Was man davon und darüber hinaus wirklich braucht, zeigt die Praxis.

Nicht sparen sollte man bei der Anschaffung von Textausgaben literarischer Autoren. Kanondiskussion hin, Kanondiskussion her: Vieles gehört in jede Germanisten-Bibliothek, gewiss der deutsche Shakespeare (ganz), Goethe (wenigstens die Lyrik und der „Faust"), Lichtenberg („Sudelbücher"), Kleist (die Komödien), Kafka (die Erzählungen) und die Bibel (möglichst in Luthers Übersetzung). Die literarischen Texte sind dauerhaft und begleiten den Germanisten durch das Leben. Lesevorschläge machen folgende Bücher:

Die Leseliste. Kommentierte Empfehlungen. Hrsg. von Sabine Griese u. a. Stuttgart: Reclam 1994.

Segebrecht, Wulf: Was sollen Germanisten lesen? Ein Vorschlag. 3., neu bearb. u. erw. Aufl. Berlin: Erich Schmidt 2006.

Einigung über einen Kanon literaturwissenschaftlicher Texte ist kaum zu erwarten, denn man lebt in der akademischen Welt naturgemäß im Streit. Aber das Bedürfnis nach einem solchen Kanon ist vorhanden. Eine Liste von Lektüre-Empfehlungen notiert Carsten Zelle in seiner Bücherkunde (vgl. S. 92).

> Ich kenne keine schwerere Lektüre als die leichte. Die Phantasie stößt an die Gegenständlichkeiten und ermüdet zu bald, um auch nur selbsttätig weiterzuarbeiten. Man durchfliegt die Zeilen, in denen eine Gartenmauer beschrieben wird, und der Geist weilt auf einem Ozean. Wie genußvoll wäre die freiwillige Fahrt, wenn nicht gerade zur Unzeit das steuerlose Schiff wieder an der Gartenmauer zerschellte. Die schwere Lektüre bietet Gefahren, die man übersehen kann. Sie spannt die Kraft an, während die andere die Kraft frei macht und sich selbst überläßt. Schwere Lektüre kann eine Gefahr für schwache Kraft sein. Leichter Lektüre ist starke Kraft die Gefahr. Jener muß der Geist gewachsen sein; diese ist dem Geist nicht gewachsen.

Karl Kraus: Aphorismen. Frankfurt am Main 1986. S. 118 f.

12 Bestandteile der fertigen Arbeit

12.1 Titelblatt

Das fertige Titelblatt gibt an

oben links:
- Seminarstufe, Thema des Seminars
- Semester
- Seminarleiter

in der Mitte:

Titel der Arbeit

unten in der Mitte:
- Vor- und Nachname des Verfassers
- Matrikelnummer
- Fächerkombination
- Semesteranschrift
- E-Mail-Adresse
  (für den Notfall dringender Rücksprache)

> Aufs Titelblatt jeder Theorie: Übersetzung in Praxis wird strafrechtlich verfolgt.

Paul Mongré [= Felix Hausdorff]: Sant'Ilario. Gedanken aus der Landschaft Zarathustras. Leipzig 1897. S. 252.

Muster eines Titelblatts

Seminar:

Shakespeare in der deutschsprachigen Literatur

Aufbaumodul II

WS 2016/2017

Leitung: Prof. Dr. Jonas Kunkel

Der Shakespeare-Modus

in Karl Kraus'

„Die letzten Tage der Menschheit"

Barbara Keller

Germanistik, Geschichte

Matrikelnummer: 1234567

Bertheaustraße 32

37075 Göttingen

E-Mail: abc@xyz.de

(*im Original: Format DINA4*)

12.2 Inhaltsverzeichnis

Das Inhaltsverzeichnis gibt die Gliederung der Arbeit wieder; es trägt die Überschrift „Inhalt". Im Inhaltsverzeichnis werden die Seitenzahlen mit aufgeführt.

Die Punkte des Inhaltsverzeichnisses müssen den Kapitel-Überschriften des Textes entsprechen; auch Unterkapitel sind bis zur untersten Stelle der Hierarchie zu berücksichtigen. Zu empfehlen ist Dezimal-Klassifikation (wie in diesem Buch), da hierbei die Ordnungszahlen der Oberpunkte mit aufgeführt werden.

Aus dem Inhaltsverzeichnis soll der Leser die Proportionierung einer Arbeit ablesen können (Schwerpunkte der Untersuchung; Umfang der Teile).

12.3 Einleitung

Die Einleitung sollte kurz und prägnant sein; es handelt sich nicht um ein Vorwort, das das Gespräch mit dem Leser sucht, sondern um eine Hinwendung zum Thema. In der Einleitung wird das **Problem** der Hausarbeit exponiert. Im Einzelnen gehören hierher:

1. Ein Aufhänger. Das können z. B. kontroverse oder arg pauschale Äußerungen der Sekundärliteratur zur behandelten Frage, ein – fragwürdiges – Bonmot o. Ä. sein.

> Von seinem Studium her erinnerte sich Ginster, daß die Dozenten, ehe sie ihr eigentliches Thema besprachen, stets bei einer Einleitung zu verweilen liebten, die bis ins Unendliche reichte; wie die indischen Fakire, die an einem Seil zum Himmel emporklettern. Gewöhnlich kamen sie dann gar nicht mehr zur Erde zurück. Ein Professor in M. hatte sich seinerzeit gelegentlich eines Vortrags über Sozialpolitik genötigt gesehen, zunächst die Einzelausdrücke sozial und Politik zu erklären; niemals erfuhr Ginster, was das zusammengesetzte Wort Sozialpolitik selbst bedeutete. Geschah es aber doch einmal, daß die Redner aus ihren Einleitungen heimkehrten, so brachten sie in der Regel Behauptungen mit, die nach seiner Meinung auch ohne Reise zu erlangen gewesen wären.

Siegfried Kracauer: Ginster [1928]. Frankfurt am Main 1972. S. 137.

2. Eine eindeutige Feststellung und Begründung der Fragestellung bzw. eines Beweiszieles. Die Fragestellung sollte aus einem allgemeineren Kontext spezifiziert werden; sie muss erkennbar als offene Frage formuliert sein. Ist sie in Form eines Beweisziels artikuliert, darf die These nicht selbstverständlich sein. – Anders verhält es sich, wenn als Thema ausdrücklich eine eher kompendienhafte Darstellung, ein historischer Abriss aufgegeben ist; in diesem Fall ist eher eine Begründung für den Erkenntniswert angebracht. – Die hier formulierte Fragestellung führt dann als roter Faden durch die Gesamtdarstellung.

3. Das Ausblenden nahe verwandter, jedoch im Rahmen der Arbeit nicht behandelter Fragestellungen; evtl. mit Begründung.

4. Ein Verweis auf (im gegebenen Rahmen) nicht leistbare Ergebnisse.

5. Die Benennung der methodischen Prinzipien: Hier sollte ein knapper Hinweis auf literaturwissenschaftliche Methoden stehen, ohne dass man sich bekennerhaft mit Haut und Haar einer Methode verschreiben muss. Zumindest sollte man aber angeben, ob man z. B. textanalytisch argumentieren will, wie weit literatursoziologische Aspekte eine Rolle spielen werden u. Ä.

6. Ein Hinweis auf den im Folgenden eingeschlagenen Untersuchungsgang.

Ein wohl nicht ausrottbares **Übel** ist es, einleitend erst einmal Leben und Werk des zur Diskussion stehenden Autors auszubreiten. Zwar gehört die detaillierte Kenntnisnahme der Biografie(n) notwendig mit in die vorbereitende Lektüre zu einer literaturwissenschaftlichen Arbeit, aber nur, um sich auf den allgemeinen Wissensstand zu heben und zu sehen, wie weit Biografisches in das Thema eingreift.

In der Arbeit selbst ist die Darstellung einer Autorenbiografie nur dann sinnvoll, wenn die Untersuchung einem völlig unbekannten Autor gilt und obendrein Lebensumstände wesentlich für die spezifische Themenstellung sind – zum Beispiel für die Deutung literarischer Texte. Auch dann jedoch sollte dies nicht als kurzgefasster Lebenslauf vorangestellt, sondern gezielt in den entsprechenden Argumentationszusammenhang eingebunden werden.

(Bei Referaten innerhalb einer Lehrveranstaltung kann ein einleitendes biografisches Stichwort durchaus sinnvoll oder sogar notwendig sein – wenn nämlich keine Kenntnis dieses Autors beim Publikum vorausgesetzt werden kann. Man spricht das tunlichst mit dem Seminarleiter ab.)

12.4 Hauptteil und Schluss

Im Hauptteil findet die eigentliche Auseinandersetzung mit dem Thema statt. Dabei ist darauf zu achten, dass die Argumente nicht wie Brei zerlaufen; das Durchhalten der Fragestellung muss als roter Faden diskret sichtbar sein. Auch deshalb sollte man frühzeitig die Fragestellung vorläufig fixieren, die Einleitung aber zum guten Schluss daraufhin prüfen, ob die formulierte Fragestellung den Ergebnissen noch entspricht. Die Argumentation sollte klar und stringent sein: die Sätze verständlich, die Gedanken logisch strukturiert und auf das Wesentliche konzentriert.

Der Schluss hat zusammenfassenden Charakter; er sollte keine Wiederholung des schon Gesagten enthalten. Außerdem kann der Schluss einen Ausblick bilden. Er kann die Generalisierbarkeit von singulären Beobachtungen erörtern oder das Ergebnis der Arbeit auf größere Zusammenhänge beziehen. Es können neue Fragestellungen entworfen werden. Der Umfang sollte eine Seite nicht überschreiten.

12.5 Textseite (Muster)

4.3.3 Handeln und Bewusstsein des historischen Woyzeck als Funktion seiner Angst vor den Freimaurern

In seinem Aufsatz „Woyzeck“ referiert Hans Mayer das Ergebnis einer relativ ausführlichen Untersuchung von Woyzecks „G e - m ü t s z u s t ä n d e n“,[6] durchgeführt „während zweier Monate (Januar / Februar 1823)“:[7]

> Stimmen habe er [Woyzeck] gehört, Träume erlebt, die ihm die geheimen Erkennungszeichen der Freimaurer entschleiert hätten [...]. Auch vor der Mordtat habe es ihm zugeraunt [...]: „Stich die Woostin tot“, und ein andermal: „Immer drauf, immer drauf!“[8]

Welches Gewicht kommt einer solchen historischen Aussage für die Interpretation des Dramas zu? Hans Mayer verweist im Zusammenhang dieser Frage auf die Funktion, welche die soziale Lage von Büchners Woyzeck für dessen Handeln hat.[9] Das Zitat legt nun nahe, dass schon das Handeln des historischen Woyzeck psychologisch mitbegründet ist.[10]

Wie weit auch in der dramatischen Konzeption gesellschaftliche oder psychologische Momente das Handeln begründen, bleibt wie bemerkt[11] offen. Es gehört zu den Vorzügen des dramatischen Textes, dass er die komplizierte Gemengelage darstellen kann.

Auf den genaueren historischen Kontext führt Woyzecks Rede von den „geheimen Erkennungszeichen der Freimaurer.“[12] Das ist

---

[6] Mayer: Woyzeck, S. 228. (Hervorhebung von mir, K. M.)

[7] Ebd.

[8] Ebd.

[9] Vgl. Mayer: Woyzeck, S. 228.

[10] Einwände gegen Mayers Position, Büchners Drama trage revolutionär-utopische Züge, erhebt Wolfgang Martens; er bezieht sich auf christliche Traditionen: „Woyzecks Verzweiflung ist damit primär kein soziales Faktum [...]. Ja, die Bezeichnung ‚Proletarier‘ dürfte mit den Nebentönen aus dem Bereich [...] des Klassenkampfes eher das Wesentliche verdecken. Woyzeck ist nicht Proletarier, sondern: [...] ein Armer in dem [...] tieferen Sinne, den das Christentum dem Wort verliehen hat.“ (Martens: Menschenbild, S. 383 f.) Bei aller Gegensätzlichkeit argumentieren Martens und Mayer nicht mechanistisch-biologisch, sondern von übergeordnet abstrakten Positionen aus.

[11] Vgl. oben S. 16.

[12] Vgl. Anm. 8.

Diese Muster-Textseite geht zurück auf ein Muster in: Alwin Binder u. a.: Einführung (vgl. S. 94). Es wurde erweitert und stark abgewandelt.

Links denke man sich einen breiten Korrektur-Rand (vgl. S. 136).

Zitate:

- direktes Zitat
  - im fortlaufenden Text: Z. 2 f., Z. 3 f., Z. 20; Anm. 10, Z. 3–7;
  - im Block: Z. 5–8;
  - als Zitat im Zitat: Anm. 10, Z. 4; Zitat im Block-Zitat: Text Z. 7 u. 8;
  - mit Auslassungen: Text Z. 7; Anm. 10. Z. 3, Z. 5, Z. 6;
  - mit Zusatz: Text Z. 5.
- indirektes Zitat: Z. 10–12.

Anmerkungen:

- Anmerkungsteil in Form von Fußnoten: durch Strich abgetrennter Fußnotenabschnitt.
- Anmerkungsziffern: im Text hochgestellt, ohne Klammern. Bei Kollision mit Satzzeichen wird die Anmerkungsziffer nachgestellt. Im Fußnotenabschnitt wird die Anmerkungsziffer links herausgestellt (normal oder hochgestellt).
- Anm 6–8: Nachweise von direkten Zitaten.
- Anm. 6: Kurztitel-Zitatnachweis. Der Titel taucht vollständig an entsprechender alphabetischer Stelle im Literaturverzeichnis auf. – Kennzeichnung eines Texteingriffs (Hervorhebung).
- Anm. 7 u. 8: Nachweis eines direkten Zitats mittels Kürzel (hier gleichlautend mit voriger Anm., darum: Ebd. (d.h.: „ebd.“ als Verweis auf dieselbe Seite im letztgenannten Titel der vorigen Fußnote. Bei anderer Seitenzahl hieße es beispielsweise: Ebd. S. 229.)
- Anm. 11 u. 12: Querverweise auf eine frühere Textstelle bzw. eine nicht direkt vorausgehende Fußnote.

Anführungsstriche:

- doppelte Anführungsstriche zur Kennzeichnung
  - eines Titels: Text Z. 1;

  - eines Zitats: Text Z. 3 u. 4;
  - von Zitaten im Blockzitat: Z. 7 u. 8.
- einfache Anführungsstriche
  - zur Kennzeichnung eines Zitats im Zitat: Anm. 10, Z. 4.

Klammern:
- runde Klammern zu Kennzeichnung
  - eines Zitatnachweises in einer Anmerkung: Anm 10, Z. 7;
  - der Erläuterung einer Hervorhebung: Anm. 6;
  - innerhalb eines Zitats, deshalb unveränderte Übernahme: Text Z. 3 f.;
- eckige Klammern zur Kennzeichnung
  - einer Zitatauslassung: Text Z. 7; mehrfach in Anm. 10;
  - eines Zusatzes im zitierten Text: Text Z. 5.

Hervorhebungen:
- im Zitat: Z. 2 f.: Sperrung (auch Kursivierung möglich; Unterstreichungen wirken unschön);
- dazu in der Fußnote Kennzeichnung als eigene Hervorhebung, abweichend von der Vorlage, mit Setzung der eigenen Initialen: Anm. 6.

12.6 Apparat

Der eigentliche Text der Hausarbeit wird am unteren Rand von einem Fußnotenteil begleitet. Wichtig für die formale Gesamtanlage des Apparats wie für das Zusammenspiel mit dem Text und auch für die Zitierweise im Einzelnen ist: Es ist streng ein System durchzuhalten. Die Grundregel dafür lautet: So knapp wie möglich, so klar wie möglich, so ausführlich wie nötig; bei alledem aber auch für einen fachkundigen Dritten so plausibel wie möglich. Deshalb sollte man darauf verzichten, ein noch ausgeklügelteres Zitiersystem auszuhecken, und sich an den Konventionen orientieren, wie sie oben beschrieben sind.

12.7 Literaturverzeichnis

Notwendiger Bestandteil einer Hausarbeit ist das Literaturverzeichnis. In bibliografischer Vollständigkeit und Korrektheit führt es sämtliche Titel auf, die für die Arbeit benutzt wurden (und demgemäß im Text/in den Fußnoten auftauchen). Zu nennen sind aber nur die Titel, die man selbst eingesehen hat – keine Nennungen aus zweiter Hand! Nicht aufgeführt werden routinemäßig herangezogene allgemeine Hilfsmittel – allgemeine Bibliografien, Lexika u. Ä. – es sei denn, daraus wird eigens zitiert (z. B. bei der Demonstration eines allseits unzureichenden Definitionsstandes, den man mit der eigenen Untersuchung überwinden will).

Normalerweise enthält das Literaturverzeichnis zwei jeweils alphabetisch geordnete Bibliografien: Getrennt wird nach **Quellen** (oder Primärtexten) und **Forschungsliteratur**. Der Unterschied liegt im literaturwissenschaftlichen Bereich meistens, aber nicht unbedingt darin, dass das eine die literarischen Texte sind und die anderen Texte über diese handeln. Die eigentliche Differenz besteht darin, dass das eine die **Objekte** der Untersuchung meint, das andere die **Hilfsmittel**. Deshalb muss z. B. eine Arbeit über *Lessing im Urteil der Forschung des späten 19. Jahrhunderts* die Forschungsliteratur des 19. Jahrhunderts als Quellen aufführen.

Innerhalb der Rubriken *Quellen* und *Forschungsliteratur* ist die alphabetische Abfolge nach Autorennamen zu wählen. Herausgeberschriften werden unter dem Titel in das Autorenalphabet eingereiht (unter Nichtbeachtung von *der, die, das*). Das entspricht dem in jüngeren Universitätsbibliotheken geltenden Ordnungsschema (der RAK – Regeln für die alphabetische Katalogisierung). Zur Sicherheit (und insbesondere wenn Sachtitel unter dem Herausgebernamen geläufig sind) kann man unter dem Herausgebernamen einen Querverweis anbringen – etwa:

Echtermeyer, Theodor: vgl. unter: Deutsche Gedichte.

In manchen Fällen kann die duale Gliederung des Literaturverzeichnisses zugunsten einer erweiterten Differenzierung aufgegeben werden. So kann es in einer umfangreichen Arbeit z. B. über

Thomas Mann sinnvoll sein, die benutzten Quellen in die Werke von Thomas Mann und diejenigen anderer Autoren (Nietzsche, Schopenhauer etc.) zu untergliedern. Bei einer sprachhistorisch akzentuierten Arbeit beispielsweise kann es ratsam sein, für Handbücher wie Sach-Lexika und Wörterbücher eine eigene Rubrik vorzusehen.

Bei Aufsätzen sind stets die Seitenzahlen anzugeben – und zwar nicht nur die erste Seite oder „ff.", sondern die erste und die letzte Seite. „ff." sollte man als Zitierweise ebenso wie „a. a. O." vermeiden – es ist ungenau und dokumentiert ungenaues Lesen. Hingegen ist „f." eine eindeutige Kennzeichnung eines über zwei Seiten gehenden Nachweises (das gilt auch für Fußnoten).

Verfasser-Vornamen stellt man nur dann dem Nachnamen nach, wenn es um die Einreihung in ein Alphabet geht – so vor allem im Literaturverzeichnis. Ansonsten stellt man den Vornamen in gewohnter Weise voran.

Vornamen werden in bibliografischen Angaben stets ausgeschrieben. Ist der Vorname auf dem Titelblatt abgekürzt, ergänzt man ihn nach Möglichkeit in eckigen Klammern – zum Beispiel: H. Piepmal wird ergänzt zu H[änschen] Piepmal. Ist die Auflösung nicht ganz gesichert, schreibt man: H[änschen?] Piepmal.

Ausnahmen:

1. **Niederländische Autoren.** In den Niederlanden ist die Vornamen-Abkürzung in Buchtiteln üblich; die Auflösung gilt als indiskret. Diese Eigenart sollte man respektieren.

2. **Jean Paul.** Hier wird „Jean" nicht als Vorname verstanden, sondern das Ganze als zweiteiliges Pseudonym Johann Paul Friedrich Richters. Darum hier niemals „Paul, Jean". Alphabetisch wird Jean Paul unter J eingereiht. – Der Sinn dieser eigentlich kuriosen Ausnahme besteht darin, Laien das Eindringen in die germanistische Zunft zu erschweren.

3. **Mittelalterliche Autoren** werden unverändert nach dem Vornamen in das Alphabet gestellt – das „von" bezeichnet dort noch den Herkunftsort, Nachnamen im heutigen Sinne kannte das Mittelalter noch nicht. – Z. B. nicht: „Gandersheim, Roswitha von", sondern: „Roswitha von Gandersheim".

4. Diesen Vorzug hat der europäische **Hochadel** in die Neuzeit herübergerettet, aber mit seinen Herrschaftsansprüchen im 20. Jahrhundert verloren. Darum z. B. steht Friedrich II. von Preußen unter F. Heutige Nachfahren aber werden, sofern sie Zitierwürdiges geschrieben haben, ganz normal unter H wie „Hohenzollern, Xxx von" abgelegt.

5. **Die Bibel.** Sie wird ohne Gesamt-Verfassernamen zitiert, auch ohne Verfassernamen der einzelnen Beiträger. Im Text reicht im Allgemeinen Kurzzitierung, z. B. *Luk. 6, 36*. Wie man im Literaturverzeichnis korrekt zitiert, nach welcher Fassung, sollte weniger von der eigenen Konfession abhängen als – bei literarischen Bezügen – z. B. von der Konfession des Autors, über dessen Bibel-Anspielungen o. Ä. man arbeitet. Moderne Bibelübertragungen sind jedenfalls in historisch-philologischen Kontexten mit Vorsicht zu genießen.

12.8 Erklärung

Wer die Universität besucht, tritt in ein System ein, das von ihm selbstständiges wissenschaftliches Arbeiten verlangt. Eine Hausarbeit muss wie selbstverständlich in diesem Geist entstehen. Als Zeichen, dass diese Selbstverständlichkeit auch vom Verfasser einer solchen Arbeit akzeptiert wird, hat sich in jüngster Zeit eine Formel eingebürgert, die an den Schluss der Arbeit gestellt und unterschrieben wird. Sie kann folgenden Wortlaut haben:

> Die/der Unterzeichnete versichert, dass sie/er die vorliegende schriftliche Arbeit selbstständig verfasst und keine anderen als die von ihr/ihm angegebenen Hilfsmittel benutzt hat. Die Stellen der Arbeit, die anderen Werken dem Wortlaut oder dem Sinn nach entnommen sind, wurden in jedem Fall unter Angabe der Quellen kenntlich gemacht. Dies gilt auch für beigegebene Zeichnungen, bildliche Darstellungen und Skizzen.
>
> Ort, Datum   Unterschrift

12.9 Seitengestaltung

Üblicherweise wird auf Blättern im Format DIN A 4 geschrieben. Links bleiben 2–3 cm Rand frei, oben 3 cm (die Seitenzahlen nicht eingerechnet), unten 4 cm. Rechts sollte 3–4 cm Rand bleiben.

Die breiten Ränder werden für Korrekturen und Notizen Dritter benötigt, sollte deshalb also nicht knapper ausfallen, zumal noch für das (Schnell-)Heften oder Binden der so genannte Bundsteg abzurechnen ist.

Um längere Kommentare zu erleichtern, sollte stets nur auf eine Seite geschrieben werden, so dass links neben dem Text jeweils die Rückseite des vorangehenden Blatts frei ist.

In umfangreicheren Arbeiten (und nur in ihnen) bietet es sich für die Orientierung des hin und her blätternden Lesers an, Kolumnentitel über die Seite zu setzen. Diese Kolumnentitel sollten die Überschrift der Hauptkapitel wiederholen, eventuell verkürzt auf das zentrale Stichwort.

Der Haupttext wird anderthalbzeilig geschrieben. Längere Zitate (ab zwei Zeilen) sollte man absetzen, indem man eine neue Zeile beginnt, einrückt und dann blockartig einzeilig schreibt.

Der wissenschaftliche Apparat wird ebenfalls einzeilig geschrieben.

12.10 Lesbarkeit

Der Text muss leicht entzifferbar sein. Das bedeutet erstens: Handschriftliche Arbeiten werden nicht akzeptiert. Das bedeutet zweitens: Die Druckqualität sollte die eines guten Tintenstrahldruckers sein. Laserdrucker sind besser. Das bedeutet drittens: Wenn eine Hausarbeit als Kopie eingereicht wird, sollte diese hochwertig sein.

Jeder Tippfehler gilt als Rechtschreibfehler, sofern er nicht sauber korrigiert ist. Überhaupt ist es eine stillschweigende und selbstverständliche, aber in der Praxis des Studienalltags nicht immer erfüllte Voraussetzung, dass Orthografie und Interpunktion bis aufs i-Tüpfelchen stimmen. Das gebietet schon die philologische Standesehre.

Sollte, was selten geschieht, eine Dozentin oder ein Dozent bei einer Hausarbeit wegen der Häufung solcher Mängel die Durchsicht abbrechen und die Arbeit indigniert zurückweisen, liegt das nicht unbedingt an individueller Kleinlichkeit, sondern am mühsam eingeübten Habitus des Korrekturlesens von Typoskripten und Druckfahnen wissenschaftlicher Publikationen. Dabei ist nämlich das Lesen nach dem Sinn ganz auszuschalten, damit Setzfehler nicht überlesen werden. Diese Trennung von Sinn-Lesen und Textbild-Lesen ist bei der Lektüre studentischer Hausarbeiten hinderlich: Ab einer gewissen Fehlerhäufigkeit schaltet das Gehirn um auf Korrekturlesen und verfehlt so den Textsinn.

Deshalb sollte man die Arbeit vor der Abgabe abschließend noch einmal vollständig korrekturlesen, nur mit Blick auf formale Richtigkeit: Das umfasst auch Aspekte wie die konsequente Kapitelnummerierung, das Überprüfen der Übereinstimmung von Seitenangaben im Inhaltsverzeichnis mit denjenigen im fortlaufenden Text u. Ä.

12.11 Seitenzählung

Die Paginierung erfolgt in arabischen Ziffern. Die Seitenzahl steht oben rechts oder zentriert über der Textmitte oder unter der Textmitte. Jede Seite vom Titelblatt an wird mitgezählt.

> Ja, wie ofte geschicht es, daß zu Sommers Zeit die Fenster offen stehen, und der Wind, der die Ordnung der Acten nicht verstehet, alles durch einander wirfft, da es dann einem nicht anders gehen kan, als wie jenem Polyhistori, dessen gantze Weißheit auf lauter kleinen Zettelchen gegründet war, und der etliche Tage Zeit haben muste, diese kostbahre Recepte wieder zusammen zu suchen, wenn etwa das Fenster war eröffnet, und durch den Wind die kleinen Wischerchen in die Stube herum geworffen worden. § 5. Die Arth meiner Lands-Leuthe, der Pommern, ist in diesem Absehen etwas besser, weil alles an dem durchgezogenen Bindfaden feste hanget, und also so leichte etwas davon nicht verloh-

> ren werden kan, wenn man nur den Bindfaden aussen feste verknüpffet. Allein es ist an der anderen Seite wiederum diese Verdrießlichkeit dabey anzutreffen, daß zuweilen das Loch, dadurch man den Bindfaden ziehet, gerade mitten durch ein Wort, oder durch eine Zahl gestochen wird, und man hernach nicht erkennen kan, was es vor ein Wort oder vor eine Zahl gewesen, da doch bisweilen viel daran gelegen ist, sonderlich wenn Original-Documenta bey die Acten geleget worden. Ja wenn auch gleich dieser Schade nicht durch das Stechen geschahe, so machet doch hernach der Bindfaden das Loch immer grösser, oder reisset wohl gar hinten durch ein Stücke aus dem Pappier heraus, sonderlich wenn einzelne Bogen, oder halbe Bogen bey den Acten vorhanden sind, und ist mir bewust, daß hernach wegen dieser Ursache grosse Weitläufftigkeit unter den streitenden Theilen entstanden sind.

Jacob Friedrich Ludovici: Einleitung zum Civil=Proceß [...]. *Halle 1725. S. 143.*

12.12 Heften und Widmen

Die fertige Hausarbeit wird oben links geheftet (oder: gelocht und in einen Schnellhefter getan). Eine Büroklammer oder sonstige unfeste Zusammenfügung reicht nicht. Steife Pappdeckel sind beim Aufschlagen der Arbeit hinderlich, besonders wenn nicht am Schreibtisch gelesen, korrigiert und kommentiert wird, sondern im Zug, in der Hängematte, im Hotelzimmer auf der Bettkante oder in anderen Lebenslagen. Sonstige Schutzhüllen können verwendet werden, aber man rechne nicht unbedingt mit deren Rückgabe.

Eher komisch wirken Prunkeinbände – mit geflochtener goldener Kordel, mit Fadenbindung und Leineneinband o. Ä. Meistens fällt der Inhalt hinter solchem Anspruch besonders stark zurück.

Zurückhaltung empfiehlt sich bei Widmungen (Meiner lieben Mutter; Für Nicole; Meinen dritten Schwiegereltern); ein Brauch, der bei Buchpublikationen früher mit Mäzenatentum zusammenhing. Man erledigt den schuldigen Dank an seine Gönner lieber privat oder wartet mit solchen öffentlichen Zueignungen wenigstens bis zur Druckfassung der Dissertation.

> Razzia auf Literarhistoriker
>
> „Dichtung und Dichter der Zeit. Eine Schilderung der deutschen Literatur der letzten Jahrzehnte" von Albert Soergel. Mit 345 Abbildungen. A. Voigtländers Verlag, Leipzig. „Meiner Braut gewidmet." – Solche Intimitäten werde ich dem Herrn bald abgewöhnt haben. Daß die Fortpflanzung der Literarhistoriker nicht erwünscht ist und tunlichst erschwert werden soll, habe ich bereits zu verstehen gegeben. Heiratet dennoch einer, so erspare er dem Publikum die Anzeige! Wäre ich ein Weib und fiele auf mich die Wahl, den Sörgel glücklich zu machen, weiß Gott ich überlegte mirs nach diesem Buch und täte es nicht.

Karl Kraus: Die Fackel 341/342. S. 35.

12.13 Duplikat

Vor der Abgabe sollte man sich zur Sicherheit ein Duplikat der Arbeit anfertigen, das man nicht mit abgibt, sondern zu den eigenen Akten legt. Es ist nicht nur eine Sicherung gegen das papierne Chaos im Arbeitszimmer mancher Lehrenden, sondern erleichtert auch die detaillierte Besprechung bei der Rückgabe der Arbeit. Wird das Original einbehalten, wie manche Kolleginnen und Kollegen es immer, andere nur bei besonders gelungenen oder exemplarisch abschreckenden Seminararbeiten tun, kann man sich Randbemerkungen und Beurteilungen aus dem Original in das Duplikat übertragen.

12.14 Umfang

In den Studienordnungen vieler Universitäten wird er inzwischen vorgeschrieben. Sofern das nicht der Fall ist, gilt: Zum notwendigen oder nicht zu überschreitenden Umfang ist im konkreten Einzelfall kaum eine präzise Angabe möglich. Jedenfalls sollte man die Hausarbeit nicht durch Seitenschinden oder unnötig breites Auswalzen aufblähen (Getretner Quark wird breit, nicht stark). Erfahrungsgemäß gilt: Unter Einrechnung von Titelblatt, Inhaltsverzeichnis, Text und Literaturverzeichnis lässt sich ein Hausarbeitsthema im Regelfall kaum unter 15 Seiten bewältigen (d. h. ca. 12 Seiten reiner Text). Sofern viel Material auszubreiten ist, kann die Seitenzahl natürlich rapide ansteigen – aber auch dann sollten es nicht mehr als 20 Seiten werden. Man sollte sich zur Abschlussarbeit hin Steigerungsmöglichkeiten offen halten – wenigstens hinsichtlich der Quantität.

13 Begutachtung und Benotung

Ausführliche Kommentierungen und kritische Randbemerkungen zur Arbeit sind nicht als bloßes ‚Korrigieren' zu verstehen, sondern als Teil des wissenschaftlichen Dialogs, in den man mit seiner Arbeit ja eintritt – und da müssen auch mal Späne fliegen. Die Intensität der Kommentierung sagt nicht nur etwas über die Qualität einer Arbeit aus, sondern auch über die der Gutachterin oder des Gutachters. Man stecke aber nicht alles unbesehen ein (z. B. den Seminarschein), sondern verstehe Kritik als Aufforderung zu weiterdenkendem Widerspruch; in diesem Sinne sollte man noch einmal das Gespräch über die begutachtete Arbeit suchen. Jeder Lehrende freut sich, wenn mit ihm nicht um Noten gefeilscht wird, sondern um Argumente.

Beurteilungskriterien können kaum allgemein gefasst werden. Zu betonen ist jedoch, dass es nicht nur um die konkret zu lösende Aufgabe geht. Der Studierende soll vielmehr zeigen, dass er sein Handwerk versteht. Das kann etwa folgende Aspekte umschließen:

- Qualität und Vollständigkeit der Materialerschließung (zeigt sich u. a. an der Bibliografie).
- Gründlichkeit der Aufarbeitung des Themas.
- Historisches Verständnis (zeigt sich sowohl am Umgang mit den literarischen Texten und ihrer Einbettung in das historische Umfeld als auch mit der ja ebenfalls stets historischen Forschungsliteratur; auch in der Relativierung des eigenen Standpunktes).
- Kenntnis und Handhabung der Fachterminologie, Anwendung des literaturwissenschaftlichen Grundlagenwissens (Rhetorik, Stilistik, Metrik, Gattungslehre, Epochenabfolge und -kennzeichen u. Ä.).
- Theoriebewusstsein (zeigt sich nicht nur in einem anfänglichen Bekenntnis, sondern im Detail der Darstellung).

- Selbstständige Entwicklung der Fragestellung (zeigt sich in der Einleitung, in der klaren Setzung einer These bzw. einer deutlich exponierten Fragestellung).
- Geradlinige Verfolgung der einmal gewählten Fragestellung.
- Selbstständige gedankliche Durchdringung der Forschungsliteratur (zeigt sich darin, dass sie nicht abgeschrieben oder stillschweigend paraphrasiert wird, sondern kritische Einarbeitung erfährt).
- Fähigkeit, die dem Thema innewohnenden Grundsatzprobleme und deren Tücken wahrzunehmen und darzustellen; damit zusammenhängend die
- Fähigkeit, nur mittelbar mit dem eigenen Thema korrespondierende Quellen und Sekundärliteratur in ihrer Bedeutung zu erkennen und zu eigenen Zwecken umzusetzen.
- Fähigkeit, dabei nichts zu verfälschen (zeigt sich u. a. bei direkten Zitaten und deren Kommentierung).
- Fähigkeit, wegzulassen, was nicht zum Thema gehört. (Die vorangehende Sammel- und Informationsarbeit ist zwangsläufig viel umfangreicher als das, was dann zur Darstellung gelangt).
- Klarheit der Darstellung (zeigt sich in der Gliederung, auch in den Kapitelübergängen).
- Stilsicherheit.
- Sicherheit im Formalen.
- Genauigkeit der Textwahrnehmung (zeigt sich nicht nur an den zu untersuchenden Texten, sondern auch am Text der Hausarbeit selbst – nämlich an seiner Fehlerfreiheit).

Das alles muss der Beurteilende der Arbeit selbst entnehmen. Darum sollte diese so aufgebaut, formal klar durchstrukturiert und fehlerfrei sein, dass von ihr auf die dahinter stehende Leistung geschlossen werden kann. Wenn man im kritischen Gespräch über die vorgelegte Hausarbeit erst beteuern und erklären muss, wie es eigentlich gemeint sei, ist das kein gutes Zeichen.

Die Hausarbeit soll also für sich selbst stehen. Gleichzeitig soll sie aber auch den Gesamtrahmen des Seminarthemas berücksichtigen, nach Möglichkeit die inhaltlichen und methodischen Erkenntnisse der Seminardiskussion aufnehmen. Das kann natürlich in vollem Maße nur für Hausarbeiten gelten, die im Anschluss an ein Seminar geschrieben werden. Anders gesagt: Je später die Arbeit vorgelegt wird, desto höher die Anforderung an ihre Einbettung in den Seminar-Kontext.

Noten werden in aller Regel als willkürlich empfunden, wenn sie schlecht ausfallen. Subjektivität bei der Leistungsbewertung ist aber auch sonst nicht auszuschließen. Dennoch ist es gut, wenn der Lehrende über das bloße ‚überm oder unterm Strich' hinaus eine auch im Vergleich zu anderen Arbeiten gerechtfertigte Leistungsnote finden muss. Es zwingt ihn zur Ausdifferenzierung seiner Kriterien – oder zur Großzügigkeit.

Bequem, wie der alternde Geometer war, und unbeholfen in der Abfassung von Schriftstücken, entzog er sich gern den kleinen amtlichen Geschäften. Mehrere von uns mussten zum Zwecke der Erlangung oder des weiteren Bezuges von Benefizien Dekanatszeugnisse beschaffen, die auf Grund einer von einem Professor angestellten Prüfung über den erfolgreichen Besuch der Vorlesung des Professors ausgefertigt werden. Da Steiner seine Zuhörer ziemlich genau kannte, so bedurfte es im Grunde keiner Prüfung bei ihm. Um ihm nun aber auch die unangenehme Mühe des Schreibens zu ersparen, war einer von uns auf den Ausweg verfallen, dessen die anderen, welche in gleicher Lage waren, sich dann mit Vergnügen bedienten. Wir schrieben uns nämlich selbst das Zeugnis, indem wir uns nur das Notwendigste aus den zu erfüllenden Bedingungen bescheinigten. Dieses Schriftstück legten wir ihm in seiner Wohnung zur Unterschrift vor. Nun galt es, den alten Herrn, der unsern Kniff sehr wohl durchschaute, dahin zu bringen, seinen Namen unter die vorgelegten Zeilen zu setzen. Ehe er das that, hielt er uns eine derbe Strafrede über die Unverschämtheit einer solchen Zumutung, über unsere Faulheit während des Semesters, über die Geringfügigkeit unseres Wissens, über die Bedrängnis, in die wir sein Gewissen brächten; zuletzt aber, wenn alles, was ihn bewegte, herausgesprudelt war, wobei er listig mit halb zugekniffenen Augen uns anschaute, drückte man ihm die Feder in die Hand, und er unterzeichnete, um den lästigen Dränger los zu werden.

A. Lampe: Zur Biographie von Jacob Steiner. In: Bibliotheca mathematica 3/1 (1900). S. 136.

Im akademischen Betrieb werden herkömmlich nur Noten ‚über dem Strich' ausdifferenziert – für nicht ausreichende Leistungen werden keine Leistungsnachweise ausgestellt. Das traditionelle Notensystem in Abschlussprüfungen ist sechsgliedrig:

6 = ungenügend (völlig unbrauchbare Leistung). Diese Note ist im akademischen Bereich aus der Mode gekommen.

5 = mangelhaft (wegen erheblicher Mängel den Anforderungen nicht genügende Leistung)

4 = ausreichend (trotz ihren Mängeln den Anforderungen noch genügende Leistung)

3 = befriedigend (den durchschnittlichen Anforderungen entsprechende Leistung)

2 = gut (erheblich über den durchschnittlichen Anforderungen liegende Leistung)

1 = sehr gut (hervorragende Leistung).

Prüfungsleistungen werden inzwischen entsprechend den Empfehlungen der Europäischen Kommission ergänzend mit ETCS-grades versehen (ETCS = European Transfer Credit System). Die Umsetzung soll entsprechend folgender Tabelle erfolgen:

Note	ETCS-grade
1,0 bis 1,5	A (excellent)
1,6 bis 2,0	B (very good)
2,1 bis 3,0	C (good)
3,1 bis 3,5	D (satisfactory)
3,6 bis 4,0	E (poor)
4,1 bis 5,0	F (failure)

Für aufstrebende Geister hier auch gleich die traditionelle lateinische Notenskala bei der Promotion:

- rite (= genügend)
- cum laude (= gut)
- magna cum laude (= sehr gut)
- summa cum laude (= sehr gut mit Auszeichnung).

In der Schweiz wird außerdem die Zwischennote „insigni cum laude" (= mit besonderem Lob) vergeben.

14 Zeitschriften-Siglen

Periodische, also in regelmäßiger Folge erscheinende Schriften werden unterteilt in Zeitschriften und Jahrbücher. Zeitschriften erscheinen mehrmals jährlich, sind aber fast ausnahmslos jahrgangsweise durchpaginiert und, soweit sie in öffentlichen Bibliotheken stehen, jahrgangsweise gebunden und mit einem Gesamt-Inhaltsverzeichnis versehen. Dann gleichen sie Jahrbüchern. Beide enthalten in erster Linie wissenschaftliche Aufsätze, viele auch Rezensionen.

Damit die oft umständlichen Titel in Bibliografien nicht immer wieder ganz aufgeführt werden müssen, kürzt man sie mit so genannten Zeitschriften-Siglen ab. Die Abkürzungen sind nicht ganz normiert, aber es gelten doch Konventionen; sie richten sich am Muster der „Germanistik" aus, dem zentralen Rezensionsorgan des Fachs, in dem auch neu erschienene Aufsätze mit dem Anspruch auf Vollständigkeit registriert werden.

In außer- und überfachlichen Kontexten sollte man Zeitschriften-Titel stets ausschreiben. Fachfremde können Siglen kaum auflösen; obendrein kann eine Sigle in einem anderen Fach ganz anderes bedeuten. Auch im Fernleihverkehr sollte man deshalb auf Abkürzungen verzichten.

Im Folgenden werden die gängigen Siglen wesentlicher germanistisch-literaturwissenschaftlicher Periodica genannt und aufgelöst:

a) Zur älteren deutschen Literatur

ABäG	Amsterdamer Beiträge zur älteren Germanistik. Amsterdam.
Neoph.	Neophilologus. An international journal of modern and medieval language and literature. Dordrecht, Boston, London [vorher: Groningen].

OL	Orbis litterarum. International review of literary studies. Copenhagen.
PBB	Beiträge zur Geschichte der deutschen Sprache und Literatur. Tübingen [vorher: Halle/Saale].
ZfDA	Zeitschrift für Deutsches Altertum und Deutsche Literatur. Stuttgart [vorher: Wiesbaden].
ZfdPh	siehe unter b)

b) Zur neueren deutschen Literatur

Arcadia	Arcadia. Zeitschrift für vergleichende Literaturwissenschaft. Berlin, New York.
Archiv	Archiv für das Studium der neueren Sprachen und Literaturen. Berlin.
Athenäum	Athenäum. Jahrbuch für Romantik. Paderborn.
CollGerm	Colloquia Germanica. Internationale Zeitschrift für germanische Sprach- und Literaturwissenschaft. Tübingen, Basel [vorher: Bern].
DVjs	Deutsche Vierteljahrsschrift für Literaturwissenschaft und Geistesgeschichte. Stuttgart, Weimar.
Et. Germ.	Etudes Germaniques. Paris.
Euph.	Euphorion. Zeitschrift für Literaturgeschichte. Heidelberg.
GLL	German Life and Letters. Oxford.
GoetheJb	Goethe-Jahrbuch. Weimar.
GQu	The German Quarterly. Cherry Hill, New Jersey.
GR	The Germanic Review. Devoted to the studies dealing with the Germanic languages and literature. Washington.
GrabbeJb	Grabbe-Jahrbuch. Detmold.
GRM	Germanisch-Romanische Monatsschrift. Heidelberg.
GSR	German Studies Review. Tempe/Arizona.
HölderlinJb	Hölderlin-Jahrbuch. Stuttgart.
IASL	Internationales Archiv für Sozialgeschichte der deutschen Literatur. Tübingen.
JbRG	Jahrbuch der Raabe-Gesellschaft. Stuttgart.

JbdSG	Jahrbuch der Deutschen Schiller-Gesellschaft. Stuttgart.
JEGP	The Journal of English and Germanic Philology. Illinois.
JFDH	Jahrbuch des Freien Deutschen Hochstifts. Tübingen.
JLT	Journal of Literary Theory. Berlin/New York.
KleistJb	Kleist-Jahrbuch. Stuttgart.
KulturPoetik	Zeitschrift für kulturgeschichtliche Literaturwissenschaft. Göttingen
kRR	kultuRRevolution. zeitschrift für angewandte diskurstheorie. Essen.
lfl	literatur für leser. Frankfurt am Main, Berlin, Bern u. a.
LiLi	LiLi. Zeitschrift für Literaturwissenschaft und Linguistik. Stuttgart [vorher: Göttingen].
LY	Lessing Yearbook. Detroit, Göttingen.
MLN	Modern Language Notes. Baltimore.
MLR	The Modern Language Review. Leeds.
Monatshefte	Monatshefte für den Deutschunterricht, deutsche Sprache und Literatur. Madison/Wisconsin.
Neoph.	siehe unter a)
NGC	New German Critique. New York.
PMLA	Publications of the Modern Language Association of America. New York.
Poetica	Poetica. Zeitschrift für Sprach- und Literaturwissenschaft. München [vorher: Amsterdam].
Sprachkunst	Sprachkunst. Beiträge zur Literaturwissenschaft. Wien.
SuF	Sinn und Form. Beiträge zur Literatur. Berlin.
SuL	Sprache und Literatur in Wissenschaft und Unterricht. München, Paderborn.
WB	Weimarer Beiträge. Zeitschrift für Literaturwissenschaft, Ästhetik und Kulturwissenschaften. Wien.
ZfdPh	Zeitschrift für deutsche Philologie. Berlin.
ZfG	Zeitschrift für Germanistik. Bern, Berlin u. a.

c) Mit didaktischer Ausrichtung

DD	Didaktik Deutsch. Halbjahresschrift für die Didaktik der deutschen Sprache und Literatur. Baltmannsweiler.
DU	Der Deutschunterricht. Vereinigt mit ‚Diskussion Deutsch'. Beiträge zu seiner Praxis und wissenschaftlichen Grundlegung. Seelze.
DU	Der Deutschunterricht. Magazin für Deutschlehrerinnen und Deutschlehrer aller Schulformen. Berlin.
ide	Informationen zur Deutschdidaktik. Zeitschrift für den Deutschunterricht in Wissenschaft und Schule. Wien, Innsbruck, München, Bozen.
LWU	Literatur in Wissenschaft und Unterricht. Würzburg.
PD	Praxis Deutsch. Zeitschrift für den Deutschunterricht. Seelze.
WW	Wirkendes Wort. Deutsche Sprache und Literatur in Forschung und Lehre. Bonn.

d) Bibliografische Zeitschriften, Rezensionsorgane

Germanistik. Internationales Referatenorgan mit bibliographischen Hinweisen. Tübingen.
Arbitrium. Zeitschrift für Rezensionen zur germanistischen Literaturwissenschaft. Tübingen.
Deutsche Bücher. Forum für Literatur (www.deutsche-buecher.net).
IASLonline (www.iaslonline.de)
literaturkritik.de (www.literaturkritik.de)
Medienwissenschaft. Rezensionen, reviews. Marburg.
Wissenschaftlicher Literaturanzeiger (www.wla-online.de)
YWMLS. The Year's Work in Modern Language Studies. London.

Ein etwas vorschnippischer Philosoph, ich glaube Hamlet Prinz von Dänemark hat gesagt: es gebe eine Menge Dinge im Himmel und auf der Erde, wovon nichts in unsern Compendiis steht. Hat der einfältige Mensch, der bekanntlich nicht recht bei Trost war, damit auf unsere Compendia der Physik gestichelt, so kann man ihm getrost antworten: gut, aber dafür stehn auch wieder eine Menge von Dingen in unsern Compendiis wovon weder im Himmel noch auf der Erde etwas vorkömmt.

Georg Christoph Lichtenberg (L 155).

15 Siglen im Fernleih-Verkehr

Die folgende Auswahl ist aus dem „Sigelverzeichnis für die deutschen Bibliotheken" entnommen, einer Liste aller Bibliotheken, die in der Bundesrepublik Deutschland zum überregionalen Leihverkehr zugelassen sind. Die Auswahl berücksichtigt vor allem Staats-, Landes- und Universitätsbibliotheken.

Abkürzungen: B = Bibliothek; UB = Universitätsbibliothek; SB = Staatsbibliothek; StUB = Stadt- und Universitätsbibliothek; SUB = Staats- und Universitätsbibliothek; LB = Landesbibliothek; ULB = Universitäts- und Landesbibliothek; LUB = Landes- und Universitätsbibliothek; LuHB = Landes- und Hochschulbibliothek.

1/1a	SB zu Berlin – Preuß. Kulturbesitz
3	Halle, ULB
4	Marburg/Lahn, UB
5	Bonn, ULB
6	Münster, ULB
7	Göttingen, Nds. SUB
8	Kiel, UB
9	Greifswald, UB
11	Berlin, UB d. Humboldt-Uni.
12	München, Bayer. SB
14	Dresden, LUB
15	Leipzig, UB
16	Heidelberg, UB
17	Darmstadt, Hess. LuHB
18	Hamburg, SUB
19	München, UB
20	Würzburg, UB
21	Tübingen, UB
22	Bamberg, SB
23	Wolfenbüttel, Herzog-August-B
24	Stuttgart, Württ. LB
25	Freiburg i. Br., UB
26	Gießen, UB
27	Jena, ThULB
28	Rostock, UB
29	Erlangen, UB
30	Frankfurt am Main, StUB
31	Karlsruhe, Bad. LB
32	Weimar, Herzogin Anna Amalia B
33	Schwerin, LB Mecklenburg-Vorpommern
34	Kassel, LB u. Murhardsche B
35	Hannover, Nds. LB
37	Augsburg, Staats- u. Stadtb.
38	Köln, UB u. Stadtb.
39	Gotha, Forschungs- u. LB
43	Wiesbaden, Hess. LB
45	Oldenburg, LB
46	Bremen, SUB

51	Detmold, Lipp. LB
60	Dortmund, Stadt- u. LB
61	Düsseldorf, ULB
63	Erfurt, Wiss. Allg. B
66	Fulda, Hess. LB
68	Kiel, Schl.-Holst. LB
70	Coburg, LB
77	Mainz, Stadt- u. UB
82	Aachen, B d. Techn. HS
83	Berlin, UB d. TU
84	Braunschweig, UB
88	Dresden, SLUB
89	Hannover, UB
90	Karlsruhe, UB
91	München, UB d. TU
93	Stuttgart, UB
100	Stuttgart, UB Hohenheim
101	Leipzig, Deutsche Bücherei Leipzig
104	Clausthal-Zellerfeld, UB
105	Freiberg i. Sa., UB
107	Speyer, Pfälz. LB
109	Berlin, Zentral- u. LB
138	Eutin, LB
150	Neuburg a. d. Donau, Staatl. B
154	Passau, Staatl. B
155	Regensburg, Staatl. B
180	Mannheim, UB
186	Potsdam, Stadt- u. LB
188	Berlin, UB d. Freien Univ.
289	Ulm, UB
290	Dortmund, UB
291	Saarbrücken, UB
292	Frankfurt am Main, Die Deutsche Bibliothek
294	Bochum, UB
352	Konstanz, UB
355	Regensburg, UB
361	Bielefeld, UB
384	Augsburg, UB
385	Trier, UB
386	Kaiserslautern, UB
464	Duisburg, UB
465	Essen, UB
466	Paderborn, UB
467	Siegen, UB
468	Wuppertal, UB
473	Bamberg, UB
517	Potsdam, UB
521	Frankfurt (Oder), UB
547	Erfurt, UB
700	Osnabrück, UB
703	Bayreuth, UB
705	Hamburg, UB d. Univ. d. Bundeswehr
706	Neubiberg, UB d. Univ. d. Bundeswehr
708	Hagen, UB d. FernUniv.
715	Oldenburg, UB
739	Passau, UB
824	Eichstätt, UB
929	Koblenz, LB
B4	Berlin, B d. Berlin-Brandenburg. Akad. d. Wiss.
Mar 1	Marbach, B d. Dt. Literaturarchivs

16 Spezialbibliotheken und Forschungszentren

Im Zusammenhang größerer Forschungsarbeiten kann es wichtig werden, auch mit ungedruckten Quellen zu arbeiten und die Bestände größerer Archive, Spezialbibliotheken und Forschungsstätten zu nutzen.

Einen Überblick über Nachlässe deutscher Autoren, jeweils zuständige Sammelbibliotheken und Forschungsstätten gibt *Blinn: Informationshandbuch* (vgl. S. 91 f.).

Die wichtigsten Nachlassverzeichnisse sind:

Gelehrten- und Schriftstellernachlässe in den Bibliotheken der DDR. T. 1–3. Berlin: Deutsche Staatsbibliothek 1959–1971.

Handbuch der Nachlässe und Sammlungen österreichischer Autoren. Hrsg. von Murray G. Hall u. Gerhard Renner. 2., neu bearb. u. erw. Aufl. Wien: Böhlau 1995.

Die Nachlässe in den Bibliotheken der Bundesrepublik Deutschland. Bearb. v. Ludwig Denecke. 2., v. Tilo Brandis völlig neu bearb. Aufl. Boppard: Boldt 1981.

Die Nachlässe in den deutschen Archiven (mit Ergänzungen aus anderen Beständen): Teil I u. II. Bearb. im Bundesarchiv in Koblenz v. Wolfgang A. Mommsen. Boppard: Boldt 1971, 1983.

Nachlässe und Archive des Schweizerischen Literaturarchivs. 3. Aufl. Bern: SLA 1992.

Repertorium der handschriftlichen Nachlässe in den Bibliotheken und Archiven der Schweiz. Hrsg. von Anne-Marie Schmutz-Pfister. 2., stark erw. Aufl. Bearb. v. Gaby Knoch-Mund. Basel: Krebs 1992.

Das unbekannte Erbe: Literarische Nachlässe und Literaturarchive in Österreich. Hrsg. von Hildemar Holl u. a. Stuttgart: Heinz 1997.

Die wichtigsten zentralen Forschungsstätten in Deutschland sind:

1. Deutsches Literatur-Archiv Marbach/Neckar

Das 1955 gegründete Deutsche Literatur-Archiv Marbach sammelt die handschriftlichen und gedruckten Quellen der neueren und gegenwärtigen Literatur deutscher Sprache. Es verfügt über einen Buchbestand von über 250000 Titeln und verwaltet über 1000 archivalische Bestände (Nachlässe, Vorlässe, Teilnachlässe, Sammlungen, Verlags- und Redaktionsarchive). Schwerpunkte liegen bei deutschsprachigen Autoren vom späten 18. Jahrhundert bis zur Gegenwart. Einen Überblick über die Marbacher Nachlass-Bestände gibt:

Ingrid Kussmaul: Die Nachlässe und Sammlungen des Deutschen Literaturarchivs Marbach am Neckar. 2 Bde. 3., völlig überarb. Aufl. Marbach: Deutsche Schillergesellschaft 1999.

Online-Zugang unter www.dla-marbach.de/opac_kallias/index.html.

2. Herzog August-Bibliothek Wolfenbüttel

Diese Bibliothek, an der Leibniz und Lessing als Bibliothekare gewirkt haben, ist seit den 1950er Jahren zu einem großen kulturgeschichtlichen Forschungszentrum ausgebaut worden. Aufgrund seiner alten und inzwischen stets arrondierten Bestände bietet es besonders reiches Material für die Frühe Neuzeit bis einschließlich 18. Jahrhundert. Über die Bibliothek informiert:

Paul Raabe: Die Herzog August Bibliothek Wolfenbüttel. Bestände, Kataloge, Erschließung. Wolfenbüttel: Heckner 1971.

Online-Zugang unter www.hab.de.

3. Klassik Stiftung Weimar

Die ehemaligen „Nationalen Forschungs- und Gedenkstätten der klassischen deutschen Literatur“ in Weimar waren zu DDR-Zeiten das Gegenstück zu Wolfenbüttel und Marbach, mit starkem Akzent auf dem ‚klassischen Erbe‘.

Die Weimarer Herzogin-Anna-Amalia-Bibliothek (ehemals: Zentralbibliothek der deutschen Klassik) ist konzipiert als Sammelstätte der gesamten deutschsprachigen literarischen Überlieferung mit großen Beständen aus dem 16. und dem 17. Jahrhundert und aus der Zeit der deutschen Klassik. Über die Bibliothek informieren:

Die Bibliothek der Nationalen Forschungs- und Gedenkstätten in Weimar. Vergangenheit und Gegenwart der Zentralbibliothek der deutschen Klassik. 2., erw. Aufl. Weimar: Stadtmuseum 1981.

Historische Bestände der Herzogin-Anna-Amalia-Bibliothek zu Weimar: Beiträge zu ihrer Geschichte und Erschließung. Hrsg. von Konrad Kratsch u. Siegfried Seifert. München: Saur 1992.

Online-Zugang unter www.klassik-stiftung.de

Neben diesen zentralen Einrichtungen bieten auch die Staatsbibliotheken, besonders in Berlin, Göttingen und München, reiche Bibliotheksbestände – vor allem an älteren und raren Büchern. Daneben existieren viele spezialisierte Forschungseinrichtungen, oft angebunden an spezielle Bibliotheks- oder Archivbestände. Folgende Einrichtungen verdienen einen besonderen Hinweis:

4. Forschungsbibliothek Gotha

Sie fungierte als Zentralstelle der Drucke des 16. Jahrhunderts in der DDR. Heute bildet sie einen Verbund mit der Forschungsbibliothek Erfurt. Sie gleicht vom Typ her der Herzog-August-Bibliothek Wolfenbüttel. Informationen gibt:

Forschungsbibliothek Gotha. Red.: Helmut Roob. 3., erg. Aufl. Gotha: Forschungsbibliothek 1988.

Online-Zugang unter www.uni-erfurt.de/bibliothek.

5. Interdisziplinäres Zentrum für die Erforschung der europäischen Aufklärung der Martin-Luther-Universität Halle-Wittenberg

Die noch junge Forschungsstätte ist im alten Gebäudekomplex der Franckeschen Stiftungen, die auch die 1698 gegründete Hauptbibliothek beherbergen, untergebracht. Online-Zugang unter www.izea.uni-halle.de

Einen gesonderten Hinweis verdienen die Dokumentation zur deutschsprachigen Literatur seit 1945, die vom Seminar für Deutsche Philologie der Universität Göttingen (www.literarischesleben.uni-goettingen.de) betreut wird, und die Zeitungsausschnitt-Sammlung der Stadt Dortmund. Hier wurden bis 2008 systematisch Zeitungsausschnitte zu Gegenwartsautoren, Rezensionen etc. gesammelt. Kontakt kann aufgenommen werden über die Stadt- und Landesbibliothek, Max-von-der-Grün-Platz, 44137 Dortmund.

Neben den vielen zentralen und spezialisierten Forschungseinrichtungen sollte man aber die germanistischen bzw. literaturwissenschaftlichen Institute und die dezentrale Einrichtung der Gelehrtenstuben als Orte der Forschung nicht vergessen. Auch hierzu existiert ein Verzeichnis – nicht im Buchhandel, aber im Internet, als Online-Verzeichnis der Hochschulgermanistik: www.germanistenverzeichnis.de.

Dies Verzeichnis ist zunächst zur Orientierung ausländischer Studierender bei der Studienplatzwahl erstellt worden. Man findet darin die germanistischen Hochschullehrer samt einer Auswahl ihrer Buch- und Aufsatzpublikationen und erhält einen personenbezogenen Überblick über die Forschungslandschaft.

Wen es aus der eigenen Gelehrtenstube heraustreibt in die akademische Geselligkeit, der sei hingewiesen auf die literarischen Gesellschaften, in deren Umkreis sich in der Regel Forschungsaktivitäten zu dem jeweiligen Autor konzentrieren. Für Nachwuchskräfte kann es lohnend sein, der einen oder anderen einschlägigen Gesellschaft beizutreten – sei es jener am Ort, sei es der eines besonders geschätzten Autors (Adressen bei Blinn). Die Jahres-Beiträge (mit starken Studierenden-Ermäßigungen) umfassen meist die jeweilige Zeitschrift bzw. das Jahrbuch. Tagungen finden turnusmäßig statt.

Weitere Informationen kann man über folgenden Dienst beziehen: http://networks.h-net.org/h-germanistik

> Eine alte Lieblingsidee von mir ist, Personen, die sich in überflüssigen Berufen unnütz gemacht haben, sagen wir Nationalökonomen, Historiker, Germanisten, in praktischeren Lebensfächern sich betätigen zu lassen. Wäre ich Regent, ich würde anordnen, daß Rollen umbesetzt, vertauscht, gestrichen werden, und so gut wie ich die Journalisten zwänge, Kolporteure zu werden, würde ich es durchzusetzen wissen, daß Professoren sich eine Zeit lang im Schankgewerbe umtun oder sich als Einspänner, Friseure, Bierablader versuchen. Ob es etwa geraten ist, einen Germanisten zum Souffleur zu machen, bleibe dahingestellt.

Karl Kraus: Glossen. In: Die Fackel 336/337. S. 16.

17 Einige Grundbegriffe der Literaturwissenschaft

Zu den Werkzeugen des Literaturwissenschaftlers gehört seine Fachsprache. Obwohl sie keineswegs unumstritten ist, muss der Novize im Fach sie zur Kenntnis nehmen. Die folgende Liste weist einen Minimalbestand von Fachausdrücken aus, über die man bis zum BA-Abschluss verfügen sollte.

Zur Literaturtheorie und Methodologie

Abweichung
Allegorese
Anspielung
Argumentation
Ästhetik
Autonomie
Autor (vs. Erzähler/ lyrisches Ich)
Bedeutung
Begriff
Belletristik
Darstellung/ Appell/ Ausdruck
Das Erhabene
Das Schöne
Dekonstruktion
Denotat/ Konnotat
Diskurs
Diskursanalyse
Distribution
Empirische Literaturwissenschaft
Epoche
Falsifikation
Feministische Literaturwissenschaft/ Gender Studies
Fiktionalität
Form/ Inhalt
Funktion
Gattung
Gebrauchsliteratur
Geistes-/ Naturwissenschaft
Genre
Hermeneutik, hermeneutischer Zirkel
Historizität
Horizontverschmelzung
Hypothesenbildung
Ideologiekritik
Immunisierung
Institution
Interpretation
Intertextualität
Kanon
Kommentar

Kommunikation
Konvention
Lesen/ Textverstehen
Leser
Literarisches Leben
Literatur
Literaturgeschichte
Literaturkritik
Literaturmarkt
Literaturpsychologie
Literaturtheorie
Literaturwissenschaft
Literarizität/ Poetizität
Medien
Mediengeschichte
Metasprache
Methode
Mimesis
Mündlichkeit/ Schriftlichkeit
Mythologie
Norm
Objektsprache
Paratext
Philologie
Poetik
Positivismus
Poststrukturalismus
Pragmatik
Prätext
Produktion(sästhetik)
Realismus
Referenz
Rezeption(sästhetik)
Rezeptionstheorie
Rhetorik
Semantik
Semiotik
Signifikant/ Signifikat
Sozialgeschichte der Literatur
Stilistik
Stoff/ Thema/ Motiv
Struktur
Strukturalismus
Systemtheorie
Text
Textanalyse
Textsorten
Thema/ Rhema
Trivialliteratur
Unterhaltungsliteratur
Verfremdung
Verifikation
Verstehen/ Erklären
Werk
Wertung
Zeichen
Zitat

Zur Editorik

Apparat
Ausgabe letzter Hand
Editio princeps
Entstehungsvariante
Erläuterung
Fassung
(Historisch)-Kritische Ausgabe
Konjektur
Konkordanz
Lemma
Lesart
Leseausgabe

Raubdruck
Sigle
Stemma
Studienausgabe
Textkritik
Textstufen
Überlieferungsvariante
Wortindex

Aus der Rhetorik und Stilistik
Allegorie
Anakoluth
Anapher
Antithese
Antonomasie
Aposiopese
Apostrophe
Asyndeton
Chiasmus
Dispositio
Ellipse
Elocutio
Emblem
Emphase
Epipher
Exempel
Exordium – propositio – narratio – argumentatio – refutatio – conclusio – peroratio
Genera dicendi: Genus humile (niedriger Stil), genus mediocre (mittlerer Stil), genus grande/ sublime (hoher Stil)
Genus deliberativum, Genus demonstrativum (epideiktikon), Genus iudicale
Hendiadyoin
Hyperbel
Hypotaxe/ Parataxe
Inventio
Inversion
Ironie
Katachrese
Klimax
Litotes
Memoria
Metapher
Metonymie
Oxymoron
Parallelismus
Parenthese
Periphrase
Pleonasmus
Pronuntiatio
puritas – perspicuitas – aptum – brevitas
Rationale Argumentation (docere)
Rhetorische Figuren
Sanfte Gemütsbewegung (delectare), heftige Gemütsbewegung (movere)
Symbol
Synekdoche
Tautologie
Topik, Topos
Trope
Zeugma
Zur Lyrik und Metrik
Adonius
Akzentuierendes Prinzip
Alexandriner

Anapäst
Assonanz
Auftakt
Ballade
Blankvers
Daktylus
Distichon
Elegie
Endecasillabo
Enjambement
Freie Rhythmen
Füllungsfreiheit
Gedicht
Gelegenheitsgedicht
Hexameter
Hymne
Jambus
Kadenz: männliche Kadenz/ weibliche Kadenz
Katalexe
Knittelvers
Konsonanz
Kunstlied/Kunstvolkslied
Lyrische Deskription (Dinggedicht)
Lyrisches Ich
Madrigal
Ode
Prosagedicht
Reim
Rhythmus
Rollengedicht
Sonett
Spondeus
Stanze
Strophe
Terzine
Tonbeugung
Trochäus
Vers
Vers commun
Versfuß
Volkslied
Zäsur

Zum Drama

Akt
Anagnorisis
Analytisches Drama
Antagonist
Botenbericht
Bürgerliches Trauerspiel
Chor
Commedia dell'Arte
Deus ex machina
Dialog
Drei Einheiten
Episches Theater
Fallhöhe
Gestik
Haupttext
Informationsvergabe
Intrige
Katastrophe
Katharsis
Komödie
Meta-Theater
Mimik
Monolog
Nebentext
Offene Form/ Geschlossene Form

Parabase
Pathos
Peripetie
Prolog/ Epilog
Protagonist
Ständeklausel
Stichomythie
Szene
Teichoskopie
Tragödie

Zur erzählenden Literatur
Auktoriales/ Personales Erzählen
Bewusstseinsstrom
Binnenerzählung
Digression
Direkte Rede
Discours
Ellipse
Epische Gattungen
Erlebte Rede
Erzählinstanz
Erzählperspektive (point of view)
Erzählsituationen
Erzähltempora: Episches Präteritum, Praesens historicum
Erzählzeit/ Erzählte Zeit
Fabel
Geschichte/ Story/ Histoire
Herausgeberfiktion
Ich-Erzählung/ Er-Erzählung
Impliziter Autor
Impliziter Leser
Indirekte Rede
Innerer Monolog
Plot
Rahmenerzählung
Rückwendung
Redebericht
Szenisches Erzählen
Vorausdeutung

Sachregister

a. a. O. 60
Allgemeine Deutsche Biographie (ADB) 111
Autorenlexika 67, 111–114

BDSL 79, 114 f.
Bibliografie 43–54, 61, 133–135
Bibliografie der Bibliografien 91 f.
Bibliotheksführung 78
Bleistift 68
Blinn 74, 91 f., 123, 153
Boole'sche Operatoren 82

Datenbankprogramm 63
Denksport-Aufgabe 34
Deutsches Biographisches Archiv (DBA) 76, 111
DIN-Norm 1505 46, 94
Dissertation 51 f.

Ebd. 58, 131
Einführungen
– in die Allgemeine Literaturwissenschaft 95–97
– in die Amerikanistik 99
– in die Anglistik 99
– in die Bibliothekskunde 93 f.
– in die Buchkunde 92 f.
– in die Germanistik 98
– in die Geschichte 100
– in die Klassische Philologie 99 f.
– in die Komparatistik 97 f.
– in die Literaturdidaktik 102–104
– in die Medienwissenschaft 101 f.
– in die Romanistik 98 f.
– in die Theologie 101
Eppelsheimer 114 f.
Ersch/Gruber 77, 105
Exzerpte 24, 63–65

f. 134
Feriensprechstunde 29
Fernleihe 71–73
ff. 134
Forschungszentren 154 f.
Fotomechanischer Nachdruck 52 f.
Fremdwörter 36

GDW 105
Germanisten-Bibliothek 123 f.
Germanistenverzeichnis 156
Global Books in Print (GLBIP) 80
GV 119

Hausarbeit
– Abgabetermin 30

– Ablehnung 137
– Apparat 132 f., 136
– Beurteilungskriterien 18, 141–145
– Duplikat 129
– Einleitung 127–129
– Fotokopie 136
– Fragestellung 21
– Fußnoten 57 f.
– Fußnotentext 58
– Hauptteil 129
– Heften 138
– Inhaltsverzeichnis 126
– Kapitel-Überschriften 126
– Korrekturlesen 137
– Lesbarkeit 136 f.
– Literaturverzeichnis 133–135
– Original 139
– Schluss 129
– Seitengestaltung 136
– Seitenzählung 137
– Tippfehler 136
– Titelblatt 125 f.
– Umfang 139 f.
– Unterschied zum Referat 17 f.
– Widmen 138 f.
– Zeitplan 71–73
Herausgeberschriften 48–50
h-Germanistik 156
Historisch-kritische Ausgabe 66 f.
Historisches Wörterbuch der Rhetorik 76, 108

ibid. 60
Index deutschsprachiger Zeitschriften 1750–1815 (IDZ) 80
Internationale Bibliografie der Zeitschriftenliteratur (IBZ) 80
item 60

Kanon 123 f.
Karteikarte 61
Kolumnentitel 58, 136
Köttelwesch 114 f.
Kritische Ausgabe 66 f.
Krünitz 77, 106

Leseausgabe 66
Linkverzeichnisse
– Erlanger Liste 83
– Forum Computerphilologie 83
– Mediävistik im Internet 83
– Wörterbuchnetz 83
Literaturdidaktik 102–104
Literaturermittlung 90 f.
Literaturrecherche im Internet
– Bibliografien zur Linguistik 85
– Bibliothèque Nationale de France 85
– British Library 85
– Die Deutsche Nationalbibliothek 85
– Fachbibliografien Germanistik 85
– Herzog-August-Bibliothek Wolfenbüttel 86

– Karlsruher Virtueller Katalog 86
– Library of Congress 86
– Österreichischer Bibliothekenverbund 86
– Schweizer Bibliotheken 86
– Subito 86
– Verzeichnis deutschsprachiger Kataloge und Institutionen 86
– Virtuelle Fachbibliothek Germanistik 87
Literaturverwaltung 61–63
Literaturverwaltungsprogramm 61
loc. cit. 60
Logik 28 f.
LThK 109

Markierstift 68
Metapher 37
Metzler Lexikon Literatur 76, 109
MGG 109
MLA Bibliography 80, 117
Monografie 46 f.

Neue Deutsche Biographie (NDB) 114
Nominalstil 37
Notenbezeichnungen 144 f.

OPAC 78, 84
Orthografie 136

Periodical Contents Index (PCI) 80
Personalbibliografien 74, 118
Pierer 77, 106
Preußische Instruktionen 44, 49

Quellenkunde 90–92

RAK 44, 133
Reallexikon der deutschen Literaturwissenschaft 28, 76, 109 f.
Referat 13–17
Regeln für die alphabetische Katalogisierung 44, 133
RGG 110

Sachwörterbücher 76, 106–111
Schlagwort 62, 79
Schlepper 75, 117
Schmidt 75, 117
Segebrecht 75, 115
Sicherheitskopie 65
Sigle
– Bibliothekssigle 151 f.
– im Fernleihverkehr 151 f.
– Zeitschriftensigle 146–149
Sonderbibliografien 118 f.
Stichwort 24, 62, 70
Suchmaschinen 81–83

Terminologie 28 f.
Textredaktion 41 f.
Thesenpapier 14 f.
Titelstichwörter 78 f.
Training
– logisches 28 f.
– terminologisches 28 f.
Trunkierung 79

VD16 88
VD17 88
VD18 88
Veranstaltungskommentar 29
Verfasserschriften 46 f.
Verschlagwortung 62
Verzeichnis lieferbarer Bücher (VLB) 80
Vgl. 59
Vorlesungsverzeichnis 29

Web-Kataloge 81–83
Werklexika 111–114
Wildcard 79
Wissenschaftsstil 31 f.

Zedler 77, 106
Zelle 74, 92, 124
Zitat, zitieren
– Aufsätze in Herausgeberschriften 48–50
– Aufsätze in Zeitschriften 47 f.
– aus dem Internet 53
– bei Filmen, Plakaten u. Ä. 46
– bei Herausgeberschriften 48–50
– Bibel 135
– fremdsprachige Zitate 56 f.
– Lexikonartikel 51
– Pseudonym 134
– Umgang mit Zitaten 55–60